普通高等院校"新工科"系列精品教材

# 服务机器人技术及应用

主　编　谷明信　赵华君　董天平

西南交通大学出版社
·成　都·

图书在版编目（CIP）数据

服务机器人技术及应用 / 谷明信，赵华君，董天平
主编. —成都：西南交通大学出版社，2019.1（2023.8 重印）
普通高等院校"新工科"系列精品教材
ISBN 978-7-5643-6646-9

Ⅰ. ①服… Ⅱ. ①谷… ②赵… ③董… Ⅲ. ①服务用
机器人 – 高等学校 – 教材 Ⅳ. ①TP242.3

中国版本图书馆 CIP 数据核字（2018）第 290780 号

普通高等院校"新工科"系列精品教材

# 服务机器人技术及应用

主编　谷明信　赵华君　董天平

责任编辑　黄庆斌
助理编辑　梁志敏
封面设计　墨创文化

出版发行　西南交通大学出版社
　　　　　（四川省成都市二环路北一段 111 号
　　　　　西南交通大学创新大厦 21 楼）
邮政编码　610031
发行部电话　028-87600564　028-87600533
网址　　　http://www.xnjdcbs.com
印刷　　　四川森林印务有限责任公司

成品尺寸　185 mm×260 mm
印张　　　10
字数　　　213 千
版次　　　2019 年 1 月第 1 版
印次　　　2023 年 8 月第 5 次
定价　　　32.00 元
书号　　　ISBN 978-7-5643-6646-9

# 前　言

　　机器人技术集机械、信息、材料、智能控制等多学科于一体,附加值高,应用范围广,已经成为重要的技术辐射平台,对增强军事国防实力、促进产业升级、改善民生具有十分重要的意义。

　　服务机器人集成了多种技术,是区别于工业机器人,在非结构环境下为人类提供必要服务的一种半自动或全自动智能装备,它能完成有益于人类的服务工作,但不包括从事生产的设备。

　　本书全面介绍了服务机器人技术的基本概念、基本结构、基本原理和典型应用。分为服务机器人共性技术和典型的服务机器人及其应用两部分,共7章。第1章是绪论,简述机器人的起源、发展、定义、结构与分类,服务机器人与工业机器人的区别,以及服务机器人应用现状和关键技术;第2章服务机器人的机构组成,介绍了服务机器人的驱动机构、执行结构、传动机构等,讨论了环境感知、导航定位、轨迹规划等关键技术;第3章服务机器人的控制系统,阐述了控制系统的构成及功能;第4章服务机器人的智能感知系统,涉及视觉、听觉、触觉、嗅觉等传感器,以及多传感器信息融合等;第5章个人/家用服务机器人,介绍了服务机器人在家政、教育、医疗、娱乐等领域的应用;第6章专用服务机器人,介绍了服务机器人在农业、战场、水下、太空等特殊领域的应用;第7章服务机器人发展计划与趋势,总结了各国的机器人发展规划,以及服务机器人技术和市场的发展趋势。

　　全书由谷明信、赵华君、董天平主编,李文江、王盛学、刘辉、安超、陈晓红、吴光永、鲁鹏、彭迎春、付强等参与编写和校对,全书由谷明信统稿。

　　本书在编写过程中参考了兄弟院校的同类教材和论文,在此对这些教材的编著者和论文作者表示诚挚的感谢。

　　由于编者水平有限,书中难免有不妥之处,恳请读者指正。

编　者
2018 年 8 月

# 目 录

# 第一部分　服务机器人的共性技术

# 第1章　绪　论

随着社会的不断发展进步,各行各业的分工越来越细化,尤其是在现代化大产业链中,每个人的工作也越来越具体细微。很多人每天重复一个动作,各种职业病逐渐产生。另外,部分工作环境危险性高或存在有毒、有害等情况,易对工作者造成损害。于是,人们强烈希望用某种机器代替人类的工作。因此,机器人被研制出来去完成某些单调、枯燥、繁重或是危险的工作。机器人是一种自动化甚至智能化的机械装置,可代替或协助人类完成各种工作。凡是单调重复、危险性高、有毒有害的工作,都可由机器人大显身手。机器人除了广泛应用于制造业领域外,还应用于资源勘探开发、救灾排险、医疗服务、家庭娱乐、军事和航天等其他领域。机器人种类繁多,服务机器人是机器人家族中的重要一员,是非产业界的重要服务性设备。

## 1.1　机器人

### 1.1.1　机器人的发展历史

在我国,机器人的应用历史悠久,最早可以追溯到公元前770年至公元前256年的东周时期。而最早记载的机器人是在西周时期,当时的能工巧匠偃师研制出了能歌善舞的伶人。据《墨经》记载,春秋后期的木匠先祖鲁班(公元前507年—公元前444年)曾制造过一只木鸟,能在空中飞行"三日不下"。在汉代,大科学家张衡(78年—139年),不仅发明了地动仪,而且发明了计里鼓车。三国时期,蜀国丞相诸葛亮(181年—234年)成功地发明了"木牛流马",并用其运送军粮。查考史书,《三国志·诸葛亮传》记载:"亮性长于巧思,损益连弩,木牛流马,皆出其意。"《三国志·后主传》记载:"建兴九年,亮复出祁山,以木牛运,粮尽退军;十二年春,亮悉大众由斜谷出，以流马运，据武功五丈原，与司马宣王对于渭南。"这些古代机器人的发明体现了我国劳动人民的智慧。

在国外，公元 1 世纪，亚历山大时代的古希腊数学家希罗（约公元 10 年—70 年）发明了以水、空气和蒸汽压力为动力的机械玩具，它可以自己开门，还可以借助蒸汽唱歌，如气转球、自动门等。500 多年前，达·芬奇在人体解剖学的基础上利用木头、皮革和金属外壳设计出了初级机器人。根据记载，这个机器人以齿轮作为驱动装置，内部还配置了自动鼓装置，肌体间连接传动杆，不仅可以完成一些简单动作，还能发声。1662 年，日本的竹田近江利用钟表技术发明了自动机器玩偶，并在大阪的道顿堀演出。1738 年，法国天才技师杰克·戴·瓦克逊发明了一只机器鸭，它会嘎嘎叫，会游泳和喝水，还会进食和排泄。瓦克逊的本意是想把生物的功能加以机械化而进行医学上的分析。在当时的自动玩偶中，最杰出的要数瑞士的钟表匠杰克·道罗斯和他的儿子利·路易·道罗斯。

1920 年，捷克斯洛伐克作家卡雷尔·恰佩克在他的科幻小说中，根据 Robota（捷克文，原意为"劳役、苦工"）和 Robotnik（波兰文，原意为"工人"），创造出"Robot（机器人）"这个词。

1939 年，美国纽约世博会上展出了西屋电气公司制造的家用机器人 Elektro。它由电缆控制，可以行走，会说 77 个字，甚至可以抽烟，不过离真正干家务活还差得很远。但它让人们对家用机器人的憧憬变得更加具体。

1942 年，美国科幻巨匠阿西莫夫提出"机器人三定律"。虽然这只是科幻小说里的创造，但后来成为学术界默认的研发原则。

1948 年，诺伯特·维纳出版《控制论：或关于在动物和机器中控制和通信的科学》，阐述了机器中的通信和控制机能与人的神经、感觉机能的共同规律，率先提出以计算机为核心的自动化工厂概念。

1954 年，在达特茅斯会议上，马文·明斯基提出了他对智能机器的看法：智能机器"能够创建周围环境的抽象模型，如果遇到问题，能够从抽象模型中寻找解决方法"。这个定义影响到之后 30 年的智能机器人研究方向。

1956 年，美国人乔治·德沃尔制造出世界上第一台可编程的机器人，并注册了专利。这种机械手能按照不同的程序从事不同的工作，因此具有通用性和灵活性。

1959 年，德沃尔与美国发明家约瑟夫·英格伯格联手制造出第一台工业机器人。随后，成立了世界上第一家机器人制造工厂——Unimation 公司。由于英格伯格对工业机器人的研发和宣传，他也被称为"工业机器人之父"。

1962 年，美国 AMF 公司生产出"VERSTRAN"（意思是万能搬运），与 Unimation 公司生产的 Unimate 一样成为真正商业化的工业机器人，并出口到世界各国，掀起了全世界对机器人和机器人研究的热潮。

1962 年—1963 年，传感器的应用提高了机器人的可操作性。人们试着在机器人上安装各种各样的传感器，包括 1961 年恩斯特采用的触觉传感器，托莫维奇和博尼 1962

年在世界上最早的"灵巧手"上用到的压力传感器。而麦卡锡 1963 年则开始在机器人中加入视觉传感系统，并于 1964 年帮助 MIT 推出了世界上第一个带有视觉传感器、能识别并定位积木的机器人系统。

1965 年，约翰·霍普金斯大学应用物理实验室研制出 Beast 机器人。Beast 已经能通过声呐系统、光电管等装置，根据环境校正自己的位置。20 世纪 60 年代中期开始，美国麻省理工学院、斯坦福大学、英国爱丁堡大学等陆续成立了机器人实验室。美国兴起研究第二代带传感器、"有感觉"的机器人，并向人工智能进发。

1968 年，美国斯坦福研究所公布他们研发成功的机器人 Shakey。它带有视觉传感器，能根据人的指令发现并抓取积木，不过控制它的计算机有一个房间那么大。Shakey 可以算是世界第一台智能机器人，拉开了第三代机器人研发的序幕。

1969 年，日本早稻田大学加藤一郎实验室研发出第一台以双脚走路的机器人。加藤一郎长期致力于研究仿人机器人，被誉为"仿人机器人之父"。日本专家一向以研发仿人机器人和娱乐机器人的技术见长，后来，更进一步催生出本田公司的 ASIMO 和索尼公司的 QRIO。

1973 年，有了世界上第一次机器人和小型计算机的携手合作，诞生了美国 Cincinnati Milacron 公司的机器人 T3。

1978 年，美国 Unimation 公司推出通用工业机器人 PUMA，这标志着工业机器人技术已经完全成熟。PUMA 至今仍然工作在工厂第一线。

1984 年，英格伯格推出机器人 Helpmate，这种机器人能在医院里为病人送饭、送药、送邮件。同年，他还预言："我要让机器人擦地板、做饭，出去帮我洗车、检查安全"。

1998 年丹麦乐高公司推出机器人（Mind-storms）套件，让机器人制造变得跟搭积木一样，相对简单又能任意拼装。机器人开始走入个人世界。

1999 年日本索尼公司推出犬型机器人爱宝（AIBO），当即销售一空，从此娱乐机器人成为机器人迈进普通家庭的途径之一。

2002 年，美国 iRobot 公司推出了吸尘器机器人 Roomba，它能避开障碍，自动设计行进路线，还能在电量不足时，自动驶向充电座。Roomba 是目前世界上销量最大、最商业化的家用机器人。

2006 年 6 月，微软公司推出 Microsoft Robotics Studio（MSRS），机器人模块化、平台统一化的趋势越来越明显，比尔·盖茨预言：家用机器人很快将席卷全球。

2007 年，德国库卡公司（KUKA）推出了 1 000 kg 有效载荷的远距离机器人和重型机器人，它大大扩展了工业机器人的应用范围。

2008 年，日本发那科（FANUC）公司推出了一个新的重型机器人 M-2000iA，其有效载荷约达 1 200 kg。

2008 年，世界上第一例机器人切除脑瘤手术成功。施行手术的是卡尔加里大学医学院研制的"神经臂"。

2008 年 11 月 25 日，国内首台家用网络智能机器人——塔米（Tami）在北京亮相。

2009 年，瑞典 ABB 公司推出了世界上最小的多用途工业机器人 IRB120。

2010 年，德国库卡公司（KUKA）推出了一系列新的货架式机器人（Quantec），该系列机器人拥有 KR C4 机器人控制器。

2011 年，第一台仿人型机器人进入太空。

2014 年，国内首条"机器人制造机器人"生产线投产。

2014 年，英国雷丁大学的研究表明，有一台超级电脑成功让人类相信它是一个 13 岁的男孩儿，从而成为有史以来首台通过"图灵测试"的机器。

2015 年，我国研制出世界首台自主运动可变形液态金属机器。

2015 年，世界级"网红"——Sophia（索菲亚）诞生。

2017 年 10 月 26 日，索菲亚在沙特阿拉伯首都利雅得举行的"未来投资倡议"大会上获得了沙特公民身份，也是史上首位获得公民身份的机器人。

2017 年 11 月，美国加州的 Abyss Creations 公司宣布，真正意义上的性爱女机器人已经成功研发，并正式进入全球市场开始销售，10 000 美元起售。

除此之外，2017 年还有很多让人惊讶的机器人，如全球首款社交机器 Jibo，会翻跟头的人形机器人 Atlas 等。

## 1.1.2　机器人的发展趋势

展望未来，对机器人的需求是多方面的。在制造业领域由于多数工业产品的商品寿命逐渐缩短，品种更加多样化，促使产品的生产从传统的单一品种成批量生产逐步向多品种小批量柔性生产过渡。由各种加工装备、机器人、物料传送装置和自动化仓库组成的柔性制造系统，以及由计算机统一调度的更大规模的集成制造系统将逐步成为制造工业的主要生产手段之一。

现在工业上运行的大多数机器人都不具有智能。随着工业机器人数量的快速增长和工业生产的发展，对机器人的工作能力提出了更高的要求，特别是需要各种具有不同程度智能的机器人和特种机器人。他们有的能够模拟人类用两条腿走路，可在凹凸不平的地面上行走移动；有的具有视觉和触觉功能，能够进行独立操作、自动装配和产品检验；有的具有自主控制和决策能力。这些智能机器人需要应用各种反馈传感器，运用人工智能中各种学习、推理和决策技术，以及各种最新的智能技术，如临场感技术、虚拟现实技术、多媒体技术、人工神经网络技术、遗传算法和遗传编程、仿生技术、多传感器集成和融合技术以及纳米技术等。可以说，智能机器人将是未来机器人技术发展的方向。

服务机器人是机器人家族中的重要一员，目前应用越来越广泛，且正在向智能化方向发展。智能服务机器人作为机器人产业的新兴领域，高度融合智能、传感、网络、云计算等创新技术，与移动互联网的新业态、新模式相结合，为促进生活智慧化、推动产业转型提供了突破口，引领服务模式实现"互联网+"变革，人工智能深入发展，云计算应用深化。在技术层面,智能服务机器人将在人工智能和云计算方面实现进一步突破。人工智能是服务型机器人的"大脑",机器人在非结构化环境下的识别、思考和决策能力,直接决定了机器人的智慧化程度。目前,全球各大科技巨头在人工智能研究方面持续投入,成为智能服务机器人实现良好人机互动的突破口。云计算是服务型机器人的"平台",实现与移动互联网海量数据连接的纽带,能够完成实时信息搜索和信息提取,直接决定了机器人的应用延伸拓展水平。当前,采用云计算的智能服务机器人日益增多,未来可能成为服务机器人技术的"标准配置"。

### 1.1.3 机器人的定义与特点

#### 1. 机器人定义

在科技界,科学家会给每一个科技术语一个明确的定义,但机器人问世已有几十年,机器人的定义仍然仁者见仁智者见智,没有一个统一的概念。原因之一是机器人还在发展中,新的机型、新的功能不断涌现。根本原因是机器人涉及人的概念,成为一个难以回答的哲学问题。就像机器人一词最早诞生于科幻小说中一样,人们对机器人充满了幻想。也许就是由于机器人定义的模糊,才给人们充分的想象和创造空间。

由于涉及对"人"的概念的理解差异,国际学术界至今对机器人没有统一的定义,不同的学者根据自己的研究方向各有侧重的说法,不同国家也有各自的习惯解释。

1967 年,在日本召开第一届机器人学术会议,学者们提出两个具有代表性的机器人定义。一个是森政弘提出的定义:机器人是一种具有移动性、个体性、智能性、通用性、半机械、半人性、自动性、奴隶性等特征的柔性机器。另一方面,日本机器人之父早稻田大学加藤一郎认为:机器人是由能工作的手、能行动的脚和有意识的头脑组成的一个个体,同时具有非接触传感器(相当于人的耳目),接触传感器(相当于人的皮肤),固有感及平衡感等感觉器官和能力。日本工业机器人协会给出的定义:一种带有存储件和末端执行器的通用机械,它能够通过自动化动作替代人类劳动。

美国机器人工业协会给出的定义:机器人是一种用于移动各种材料、零件、工具和专用装置,通过可编程序动作来执行各种任务,并具有编程能力的多功能机械手。国际标准化组织 ISO(International Standard Organization)采用了美国机器人工业协会的定义。

我国科学家对机器人的定义:机器人是一种自动化的机器,所不同的是这种机器人具有一些人或生物相似的智能能力,如感知能力、规划能力、动作能力和协作能力,是一种具有高度灵活性的自动化机器。而与之对应的机器人学则是一门研究机器人的设计、制造和使用的学科。

#### 2. 机器人三定律

1940 年,科幻小说家艾萨克·阿西莫夫(Isaac Asimov)在小说中提出"机器人三定律"。阿西莫夫为机器人在程序上规定如下：

（1）机器人不得伤害人类，或袖手旁观坐视人类受到伤害。

（2）除非违背第一原则，机器人必须服从人类的命令。

（3）在不违背第一及第二原则下，机器人必须保护自己。

**3．机器人能力评价指标**

（1）智能（感觉和感知），即记忆、运算、比较、鉴别、判断、决策、学习、推理等。

（2）机能，是指变通性、通用性或空间占有性等。

（3）物理能，是指力、速度、寿命、可靠性、通用性、连续运行能力等。

## 1.1.4　机器人的分类

机器人有多种分类标准，按负载及工作空间范围、按控制方式、按自由度、按应用领域、按国家区域、按机械结构坐标布置形式、按驱动方式、按技术发展等可以有不同的分类。我国科学家从应用环境出发，将机器人分为两大类，即工业机器人和特种机器人。所谓工业机器人是指面向工业领域的多关节机械手或多自由度机器人。特种机器人是指除工业机器人以外的，用于非制造业并服务于人类的各种先进的机器人。

工业机器人按自由度分类：如典型的四轴机器人、六轴机器人等。

按国家区域分类：欧美系机器人、日系机器人、国产机器人等。

按控制方式分类：国际上通常将机器人分为操作型机器人、程控型机器人、数控型机器人、示教型机器人、感觉型机器人、适应型机器人、学习型机器人、智能型机器人等八大类。

## 1.1.5　机器人的组成及其功能

大部分机器人由驱动系统、感知系统、执行系统、控制系统、软件及决策系统、人-机器人-环境交互系统等六大系统构成。

驱动系统是使机器人运作起来的驱动装置。在驱动系统的作用下机器人各个关节能够按设定的运动自由度工作。驱动系统分为液压传动、气压传动、电动传动或者多种传动结合的综合系统，驱动可以是直接驱动或者通过同步带、链条、轮系、谐波齿轮等机械传动机构进行间接传动。

感知系统由内部传感器模块和外部传感器模块组成，用以获得内部和外部环境状态中所需要的信息。智能传感器的使用提高了机器人的机动性、适应性和智能化的水准。

工业机器人的执行系统由机座、手臂、末端操作器三大部分组成，每一个大件都有若干个自由度的机械系统。若基座具备行走机构，则构成行走机器人；若基座不具备行走及弯腰机构，则构成单机器人臂。手臂一般由上臂、下臂和手腕组成。末端操作器是直接装在手腕上的一个重要部件，它可以是二手指或多手指的手爪，也可以是喷漆枪、焊具等作业工具。

控制系统的任务是根据机器人的作业指令程序，以及传感器反馈回来的信号支配机器人的执行机构去完成规定的运动和功能。若工业机器人不具备信息反馈特征，则为开环控制系统；若具备信息反馈特征，则为闭环控制系统。根据控制原理，控制系统可分为程序控制系统、适应性控制系统和人工智能控制系统。根据控制运行的形式，控制系统可分为点位控制（PTP）和连续轨迹控制（CP）。

人-机器人-环境交互系统是现代工业机器人与外部环境中的设备互换联系和协调的系统。工业机器人与外部设备集成为一个功能单元，如加工单元、焊接单元、装配单元等。当然，也可以是多台机器人、多台机床或设备、多个零件存储装置等集成为一套执行复杂任务的功能单元。人机交互系统是操作人员及机器人控制与机器人联系的装置，例如，计算机的标准终端、指令控制台、信息显示板、危险信号报警器等。该系统归纳起来分为两大类：指令给定装置和信息显示装置。

# 1.2　工业机器人与服务机器人的不同之处

工业机器人面对的是工厂中的确定性环境，即结构化环境，作业特点是种类少、定型、高频率。工厂中，重视对特定环境下的最优化。服务机器人面对的是一般为非确定环境，作业特点是对应于用户要求要实现多种多样的作业，根据自身的判断进行智能化作业，需要实时获得环境的信息。家庭中，重视环境变动、外扰存在情况下的可靠性。工业机器人通常要求精度高、寿命长、性能稳定可靠，而服务机器人除要求性能稳定可靠之外，同时还更多地要求安全及交互功能。

# 1.3　服务机器人

## 1.3.1　服务机器人的发展历程

西方国家在服务机器人产品研制开发方面起步较早。欧洲在康复机器人为代表的服务机器人方面的研究起源于 20 世纪 70 年代中期的 Spartacus 和 Heidelbeg 操纵手项目。1982 年，荷兰开发了一个装在茶托上的试验用机械手，主要完成喂饭和翻书。Manus 机器人的研究始于 1984 年，其手臂包含 5 个自由度，经过几年的测试后，由荷兰的 Exact Dynamics BV 公司生产并投入市场。1987 年，英国人 Mike Topping 研制了 Handy1 康复机器人样机，使一个患有脑瘫的 11 岁男孩能够独立就餐。美国 Stanford 大学开发的 MOVAR 机器人可以穿行到各个房间，机械手上装有力传感器和接近觉传感器以保证工作安全可靠。1990 年，美国运输研究会（Transition Research Corporation，TRC）推出其第一个服务机器人产品：医院用的护士助手机器人。1993 年推出用于医疗服务的商业化服务机器人 Helpmate。1996 年本田公司推出令世人惊叹的仿人机器人 P2，该机器人不但具有与人相仿的外形，而且能够完成与人的简单交流，能够独立演奏钢琴。在 1997 年日本举行的国际机器人展览会上，Sony 公司首次公开展示了机器狗"爱宝"。2004 年 2 月 25 日，世界第一届机器人会议在日本福冈市落下帷幕，会议发表了《世界机器人宣言》，与会代表一致认为，机器人领域正经历着从产业用机器人时代向生活用机器人时代的转变。

国内对服务机器人的研究起步较晚。20 世纪 90 年代中期，服务机器人技术得到国内科研人员的关注，近年来，在国家"863 计划"的支持下，我国在服务机器人的研究和产品研发方面开展了大量的工作，并取得了一定成绩。1995 年，清华大学开发了一个 7 自由度移动式护理机器人，以高位截瘫人员作为护理对象；北京航空航天大学、清华大学和海军总医院共同研制了用于脑外科手术的机器人；哈尔滨工业大学研制了"导游机器人""迎宾机器人""清扫机器人""护理助手"和智能服务机器人青青等；2003 年 8 月，华南理工大学研制出了一张机器人护理病床；中国科学院自动化研究所研究出了护士助手机器人"艾姆"、智能保安机器人及智能轮椅等。2005 年 1 月，我国 863 计划先进制造与自动化技术领域办公室和国家自然科学基金委联合组织召开了智能服务机器人战略研讨会。会上，国内外相关领域的 20 多位专家应邀做了报告，重点围绕世界服务机器人的发展动态、我国服务机器人的发展方向及"十一五"期间机器人技术的发展重点等问题进行深入研讨，将家用服务机器人的研发定为重要的发展目标。

## 1.3.2 服务机器人的定义及特点

### 1. 服务机器人定义

服务机器人是机器人家族中的一个年轻成员，到目前为止尚没有一个严格的定义。不同国家对服务机器人的认识不同。服务机器人的应用范围很广，主要包括维护保养、修理、运输、清洗、保安、救援、监护等工作。

国际机器人联合会（International Federation of Robotics, IFR）给服务机器人下了一个初步的定义：服务机器人是一种半自主或全自主工作的机器人，它能完成有益于人类的服务工作，但不包括从事生产的设备。欧美国家大多采用这种定义方式。而亚洲许多国家认为服务机器人是一种以半自主或全自主的方式操作，用于完成对人类福利和设备有用的服务（制造操作除外）的机器人。这种定义所包含的机器人的范围更小，但更贴近普通人的理解。还有其他一些关于服务机器人的定义，例如：服务机器人是能在日常环境中完成对人类活动有用服务的、基于传感器的、可预编程的机电一体化设备。

我国的服务机器人定义的范围要窄一些，主要指用于对人类提供服务的自主或半自主机器人，主要包括：清洁机器人、家用机器人、娱乐机器人、医用及康复机器人、老年及残疾人护理机器人、办公及后勤服务机器人、餐饮服务机器人等。在我国《国家中长期科学和技术发展规划纲要（2006—2020 年）》中对智能服务机器人给予了明确定义：智能服务机器人是在非结构环境下为人类提供必要服务的多种高技术集成的智能化装备。

从广义上说，服务机器人是指除工业机器人以外的各种机器人，主要用于服务业，包括室内机器人和室外机器人。狭义的服务机器人一般只包括家用服务机器人、教育娱乐机器人等，不包括医用机器人。

### 2. 服务机器人应用领域分类

国际机器人联合会对服务机器人按照用途进行分类，分为专业服务机器人和家用服务机器人两类。例如：专业服务机器人可分为水下作业机器人、空间探测机器人、抢险救援机器人、反恐防爆机器人、军用机器人、农业机器人、医疗机器人、检查和维护保养机器人；以及其他特殊用途机器人；个人/家庭用服务机器人可分为家政服务机器人、助老助残机器人、教育娱乐休闲机器人等。

### 3. 服务机器人的特点

随着技术的不断进步，对服务机器人的要求也越来越高，人们设计出各式各样的服务机器人以满足不同场合、不同层次的需求。与工业机器人相比，服务机器人具有其自身特点，如体积小、重量轻、灵活性高、易操作、适应性强、智能化程度高等。具体来说，服务机器人的特点主要包括以下几个方面。

（1）可移动性。为了能在某一区域内进行作业或执行某项特殊任务，服务机器人一般都具有一定的行走功能。服务机器人的可移动性通常由具体的运动机构来实现，如轮式机构、履带式机构、多足机构、可重构机构及复合机构等。服务机器人的可移动性有效拓展了其作业空间。

（2）轻便性。由于服务机器人功能较全、机构较多，这就要求尽可能减轻其自重和体积，以减少能量的消耗和增加机动灵活性。服务机器人的传动装置和控制装置也趋向轻型化，并尽量减少中间传动机构以提高机械传动效率。

（3）易操作性。服务机器人的操作对象主要是那些不具备专业知识的人，因此，要求服务机器人的操作尽可能简单、直接。

（4）适应性。适应性要求服务机器人不但能够在已知的环境中很好地工作，同时能够对作业过程中所遇到的位置环境做出合理的适应性反应，如发现障碍物并自行回避等。

（5）智能性。随着技术的不断发展及社会需求的不断提高，智能化已成为服务机器人发展的重要趋势，智能化要求服务机器人具有一定的学习、感觉和判断能力，并广泛采用高性能的视觉、听觉、触觉等多种传感器，使其具有感知能力和自主能力。

（6）交互性。服务机器人与人的关系十分密切。人们之间需要进行信息交流、协调、合作。因此，要求服务机器人具有较好的交互性，使人与服务机器人之间的沟通更为方便、快捷。

### 1.3.3 服务机器人的构成及其功能

虽然服务机器人种类繁多、形式多样、功能各异，但是一个完整的服务机器人系统通常由以下几个部分构成：本体结构、控制系统、决策系统、执行机构、感知系统、人机交互、能源供应等，如图 1-1 所示。

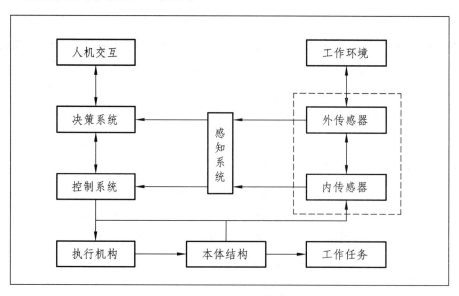

图 1-1　服务机器人的系统构成

用户通过人机交互系统将任务传达给服务机器人，高层的决策系统通过融合感知系统传送的数据信息，确定机器人所处的外部环境状态、机器人的运动状态，并据此做出决策。依据决策结果，由控制系统选择合适的控制策略，并输出相应的控制指令，通过执行机构来驱动机器人本体结构的运动，以实现预定的工作任务。在任务执行过程中，内传感器通过力传感器、位置传感器、测速计、光电编码器、陀螺仪等实现对机器人运动状态的描述；外传感器通过红外传感器、激光传感器、超声传感器、视觉传感器、微波雷达等感知外部工作环境信息。感知系统将所获取的机器人运动状态及工作环境状态反馈给系统决策层并作为决策依据。从图 1-1 中可知，人机交互与决策系统之间存在双向信息传递。一方面，操作人员通过人机交互系统向机器人传送任务命令；一方面，决策层实时向人机交互系统传送机器人系统运行状态及外部工作环境状态，并通过可视化技术在人机交互界面上显示。在决策层与控制系统之间同样存在双向信息传递：决策层把决策结果传递给控制系统，作为控制系统运行的依据；同时，控制系统将把执行结果反馈给决策层，供决策系统参考并作相应调整。

### 1.3.4　服务机器人的应用及研究现状

很多科技强国都非常重视服务机器人产业的发展，如在美国、日本、欧洲等发达国家和地区，相关科研人员一直在对服务机器人进行着探索研究，将人工智能、大数据、互联网、虚拟现实、智能技术、传感技术、生物技术等高科技成果应用在服务机器人上，使服务机器人得到了快速发展。

日本一直重视机器人技术的发展，对服务机器人的研究取得了很多显著成果，其技术水平和制造水平在全世界范围内都很有影响力。当然，这与日本政府对服务机器人研究发展的重视程度与日本国内老龄化现象日益严重有着密不可分的关系。近年来日本研制出的 Geminoid F 机器人是其杰出代表，它是很多高新技术的结晶，可以做出很多类似于人的动作，如眨眼睛、说话聊天、对人微笑等。有关数据显示，2005 年，机器人行业在日本国民经济中有高达 7 601 亿日元的产值，而且在过去的 10 年中，这一数据一直呈上升趋势，在 2015 年，其产业用机器人产值总量成功突破了 1 万亿日元。有关人士预计，到 2020 年，日本全国以服务型机器人为代表的机器人产业将会达到 2.8 万亿元的产值。仅从数据分析可知，服务机器人产业在日本经济体系中扮演着相当重要的角色。

美国是世界上最早进行机器人研究的国家。尽管在早期，美国一直将大量的资金投入其理论研究当中而忽略了实际应用，但在 20 世纪 80 年代之后，美国政府开始制定相应的政策，大力发展实用型服务机器人。众多企业结合市场需求，研制出了很多技术先进、用途广泛的服务机器人。2009 年 5 月，美国发布了《机器人技术路线图：从互联网到机器人》，使机器人技术可以应用于更多的领域。一直到现在，美国很多领域的服务机器人都非常出色。作为世界头号军事强国，美国的军用服务机器人的发展研究在全世界有着更大的影响，首次出现在阿富汗战争中、各方面性能表现得都十分杰出的 Packbot 机器人是其代表。对美国出台的相关政策进行分析可以看出，不管是为了在机器人行业提高美国的影响力，还是为了提高其自身的军事实力，服务机器人产业在美国将会继续得到重视。

欧洲一些主要的发达国家对服务机器人的研究可以追溯到 20 世纪 70 年代，如德国的独臂家政服务机器人，它以体型大小适中、动作灵活、智能化程度高且具有一定的学习能力等而成为家庭生活的好助手；法国成功地将 NAO 机器人系列中一款名为 Zora 的拟人化机器人在养老院投入使用，小巧灵活的 Zora 机器人可以很好地服务老年人，这是法国第一次将服务机器人正式投入到实际生活中，实现了零的突破，给老年人甚至整个社会带来了福音。鉴于服务机器人的应用领域越来越广，功能越来越强大，欧洲很多发达国家也将越加重视发展服务机器人产业。

我国服务机器人产品崭露头角。目前已初步形成了水下自主机器人、消防机器人、搜救/排爆机器人、仿人机器人、医疗机器人、机器人护理床和智能轮椅、烹饪机器人等系列产品，展示出一定的市场前景。仿人机器人进入北京与广州科技馆，体现了综合技术世界前列的水平，其中北京理工大学研制的"汇童"BHR 及浙江大学研制的 Wu & Kong 仿人机器人连续对打乒乓球最高可达 114 回合，机器人与人对打最高可达 145 回合，其中的相关传感、伺服、驱动控制技术也得到了发展。由中国科学技术大学自主研发的智能服务机器人"可佳"，具有自然语言人机交互、自动推理与知识获取、环境感知与建模、机器人控制等核心技术，于 2013—2015 连续三年获得国际服务机器人标准测试总分第一。在国际人工智能第一大期刊 *Artificial Intelligence* 发表的国际家用服务机器人十年总结文章中，"可佳"被评为目前国际服务机器人两大主流认知智能技术之首。

在水下机器人方面，2011 年 7 月 26 日，由中国船舶重工集团公司 702 所、中国科学院沈阳自动化研究所和声学研究所等多家国内科研机构与企业联合攻关，攻克了中国在深海技术领域的近底自动航行和悬停定位、高速水声通信、充油银锌蓄电池容量等一系列技术难关，设计完成的 7 000 m 级 "蛟龙号" 顺利完成了 5 000 m 海试。另外，北京航空航天大学机器人研究所在仿生水下机器鱼方面取得了进展，研制的 SPC 系列机器鱼在长航时、高机动性等方面获得突破，并应用于水质检测。

国内在工业机器人研究方面，以企业研究成果为主，如沈阳新松机器人自动化股份有限公司在焊接机器人及自动导引车（AGV）等方面取得重要市场突破；哈尔滨博实自动化股份有限公司主要在自动包装与码垛机器人方面进行相关机器人产品开发；广州数控设备有限公司研发了自主知识产权的 RB 系列工业机器人；昆山华恒焊接股份有限公司侧重于焊接机器人研究；上海沃迪科技联合上海交通大学机器人研究所研制成功了码垛机器人并推向市场。值得一提的是，天津大学在并联机器人上取得了重要进展，相关技术获得美国专利。另外，安徽巨一自动化、海尔哈工大机器人技术有限公司、常州铭赛、苏州博实、南京埃斯顿、安徽埃夫特智能装备、北京博创兴盛、青岛科捷自动化等在工业机器人整体或是核心部件方面也进行了研究和市场化推广。

在医疗康复机器人研究方面，北京航空航天大学机器人研究所联合海军总医院，在国内率先进行医疗脑外科机器人研究，突破了机器人机构综合与优化、医学图像处理、导航定位、手术规划等关键技术，于 2003 年设计出了适合辅助脑外科手术的机器人，截止到 2008 年年底，已经成功实施 5000 余例手术。模块化创伤骨科机器人获得了医疗器械许可证，血管介入手术机器人也进行了临床动物实验。重庆金山科技集团于 2001 年开始在国内最先研发胶囊内镜微机电系统，突破了低功耗图像采集与处理系统设计、近距宽景非球面镜头设计、无线传输设计和封装工艺等关键技术，于 2004 年初研制成功原理样机并于 2005 年实现产品定型。此外，哈尔滨工业大学机器人所及天津大学也在微创、腹腔外科手术机器人等领域进行了相关研究工作。华中科技大学的肢体康复机器人、上海交通大学的智能轮椅、山东建筑大学的中医按摩机器人、北京航空航天大学的床椅一体化机器人等在内的康复机器人都得到了深入的研究与发展。

在教育机器人研究推广方面，上海未来伙伴机器人有限公司于 1998 年推出全球第一台教育机器人产品——AS-MII 能力风暴机器人。北京博创兴盛科技有限公司于 2007 年及 2009 年分别研制成功了面向高校机器人技术教育的"创意之星"模块化机器人教学套件及"未来之星"移动机器人平台。在反恐排爆危险作业机器人研究应用方面，北京博创兴盛科技有限公司研制成功的反恐排爆机器人及车底检查机器人成功应用于 2008 奥运会及 2010 亚运会。沈阳自动化研究所成功研制了可携带侦察机器人、反恐防暴系列机器人、旋翼飞行机器人、超高压输电线路巡检机器人系统等多款特殊环境下的工作机器人。

值得一提的是，我国在极地科考机器人方面也进行了研究，包括冰雪面移动机器人及低空飞行机器人已经在南极科考中得到了应用。而且，国家自然科学基金委员会启动了视听觉信息的"认知计算"重大研究计划，国内多家研究单位进行了智能无人车辆的研究，并举行了中国智能车未来挑战赛，在相关智能感知技术方面获得了突破。另外，深圳市繁兴科技有限公司联合上海交大、扬州大学率先开展中国菜肴烹饪机器人研制，解决了中国烹饪中独有的烹饪技法工艺实现关键技术，目前正在准备装备部队。

# 1.4　服务机器人共性技术

服务机器人是一个多学科交叉的综合性研究领域，其研究内容多、领域广，主要涉及机械结构设计与优化、传感技术、控制技术、信息交互技术、人工智能等。具体来说，服务机器人的研究内容主要包括以下几个方面：机械结构设计及驱动、感知系统、控制系统、人机工程、应用研究等。

机械结构设计与驱动包括移动方式的选择与移动结构的设计、新型机构的设计与应用、新型材料的应用、运动学分析、机械结构优化、能源供应、结构系统可靠性、稳定性分析。感知系统与技术包括新型传感器的开发、传感器选型、多传感数据信息融合技术、机器人的定位技术、机器人的导航技术、人工智能技术。控制技术包括控制系统的构成、驱动装置设计、动力学分析、控制算法、远程控制、路径规划、多智能体控制技术、控制系统仿真。人机工程包括人机工程的设计原则、人机界面、语音识别技术。应用研究主要涉及系统性能评价体系、服务机器人的实用效益评估两个方面。

### 1.4.1　服务机器人技术

服务机器人技术包括产业发展共性关键技术和前沿创新技术。产业发展共性技术包括产品创新与性能优化设计和模块化/标准化体系结构设计，标准化、模块化、高性能、低成本的执行结构，智能传感与人-机交互系统，动力源/驱动/传动系统，系统集成与应用和性能测试规范与维护技术等。前沿创新技术包括仿生材料与结构一体化设计，精密微/纳操作，多自由度灵巧操作，执行机构与一体化设计，非结构环境下的动力学与智能控制，复杂环境下机器人动力学问题，生肌电激励与控制，非结构环境认识与导航规划，故障自诊断与自修复，人类情感与运动感知理解，智能认识与感知，人类语义识别与提取，记忆和智能推理，多模式人机交互，多机器人协同作业，自重构机器人，网络化交互及微纳系统等方面。仿生皮肤、人工肌肉、结构驱动一体化是当前及未来服务机器人发展的重要课题。

### 1.4.2　服务机器人产业化发展的共性技术

服务机器人产业化发展的共性技术包括自主移动机器人平台，机构与驱动（机器人的执行结构和驱动机构朝着微型化和一体化方向发展），感知技术，自主技术（任务规划、环境创建与自定位、路径规划、实时导航、目标识别等），交互技术，网络通信技术等。

制约服务机器人产业发展的共性技术主要包括：自主移动机器人平台、机构与驱动、感知技术、交互技术以及网络通信技术。应用于室内移动机器人的定位技术主要有：视觉定位技术、WLAN 定位技术、RFID 定位技术等。视觉定位系统主要包括：摄像机或电荷耦合元件（Charge-Coupled Device, CCD）图像传感器、视频信号数字化设备、基于数字信号处理（Digital Signal Processing, DSP）的快速信号处理器、计算机及外部设备等。

## 1.5　本章小结

本章简要介绍了机器人，特别是服务机器人的发展历史、发展趋势，同时还给出了机器人的定义、特点及分类，重点介绍了服务机器人的构成及其功能，服务机器人共性技术等知识。

# 习 题

1. 简述机器人的系统构成及功能。
2. 服务机器人有哪些共性技术？
3. 简述服务机器人的定义及特点。
4. 服务机器人技术发展趋势是什么？
5. 列举典型的服务机器人。

# 第2章　服务机器人的机构组成

## 2.1　服务机器人本体

　　整个服务机器人本体（见图 2-1）包括三大核心技术模块：人机交互及识别模块、环境感知模块、运动控制模块。依托三大模块，机器人分为基础硬件：电池模组、电源模组、主机、存储器、专用芯片等，以及操作系统：ROS、Linux、安卓等。由硬件和操作系统构成机器人整机，整机整合基础硬件、系统、算法、控制元件，形成满足一定行走能力和交互能力的机器人。

　　在服务机器人的各个细分模块中，语音模块重要性和成熟度均最高，语义模块是目前突破重点，运控模块相对也有一定的重要性。从技术储备上来看，人工智能是核心。不同形态服务机器人的组成部分也不相同，包括不同的核心部件。

图 2-1　服务机器人本体

## 2.2　服务机器人的执行机构

　　执行机构为机器人本体运动副（转动副或移动副），常称为机器人关节，关节个数通常为机器人的自由度数。根据关节配置形式和运动坐标形式的不同，机器人执行机构可分为直角坐标式、圆柱坐标式、极坐标式和关节坐标式等类型。出于拟人化的考虑，常将机器人本体的有关部位分别称为机座、腰部、臂部、腕部、手部（夹持器或末端执行器）和行走部（对于移动机器人）等。

### 2.2.1　服务机器人手臂

手臂是机器人执行机构中重要的部件，它的作用是将被抓取的工件运送到给定的位置上。一般机器人手臂有 3 个自由度，即手臂的伸缩、左右回转和升降（或俯仰）运动。手臂回转和升降运动是通过机座的立柱实现的，立柱的横向移动即为手臂的横移。手臂的各种运动通常由驱动机构和各种传动机构来实现，因此，它不仅仅承受被抓取工件的重量，而且也承受末端操作器、手腕和手臂自身的重量。手臂的结构、工作范围、灵活性、抓重大小（即臂力）和定位精度都直接影响机器人的工作性能。

按结构形式区分，手臂分为单臂式、双臂式及悬挂式 3 种。按运动形式区分，手臂分为直线运动的［如伸缩、升降及横向（或纵向）移动］手臂、回转运动的［如左右回转，上下摆动（即俯仰）］手臂；复合运动的（如直线运动和回转运动的组合，两直线运动的组合，两回转运动的组合）手臂。下面分别介绍手臂的运动机构。

#### 1. 手臂的直线运动机构

机器人手臂的伸缩、升降及横向（或纵向）移动均属于直线运动，而实现手臂直线往复等运动的机构形式较多，常用的有活塞油（气）缸，活塞缸和齿轮齿条机构，丝杠螺母机构等。

直线往复运动可采用液压或气压驱动的活塞油（气）缸。由于活塞油（气）缸的体积小，重量轻，因而在机器人手臂结构中应用较多。手臂和手腕是通过连接板安装在升降油缸的上端，当双作用油缸的两腔分别通入压力油时，则推动活塞杆（即手臂）做直线往复移动。导向杆在导向套内移动，以防手臂伸缩时的转动（并兼作手腕回转缸及手部的夹紧油缸的输油管道）。由于手臂的伸缩油缸安装在两根导向杆之间，由导向杆承受弯曲作用，活塞杆只受拉压作用，故受力简单，传动平稳，外形整齐美观，结构紧凑。

#### 2. 手臂回转运动机构

实现机器人手臂回转运动的机构形式是多种多样的，常用的有叶片式回转缸、齿轮传动机构、链轮传动机构和连杆机构。齿轮齿条机构是通过齿条的往复移动，带动与手臂连接的齿轮做往复回转，即可实现现手臂的回转运动。带动齿条往复移动的活塞缸可以由压力油或压缩气体驱动。

#### 3. 手臂俯仰运动机构

机器人手臂的俯仰运动一般采用活塞油（气）缸与连杆机构联用来实现。手臂的俯仰运动使用的活塞缸位于手臂的下方，其活塞杆和手臂槽用铰链连接，缸体采用尾部耳环或中部销轴等方式与立柱连接。此外，也可以采用无杆活塞缸驱动齿轮齿条或四连杆机构实现手臂的俯仰运动。

### 4. 手臂复合运动机构

手臂的复合运动多数用于动作程序固定不变的专用机器人。它不仅使机器人的传动结构简单，而且可简化驱动系统和控制系统，并使机器人传动准确、工作可靠，因而在生产中应用较多。除手臂实现复合运动外，手腕与手臂的运动亦能组成复合运动。

手臂（或手腕）和手臂的复合运动，可以由动力部件（如活塞缸、回转缸、齿条活塞缸等）与常用机构（如凹槽机构、连杆机构、齿轮机构等）按照手臂的运动轨迹或手臂和手腕的动作要求进行组合。下面分别介绍手臂及手臂与手腕的复合运动。

## 2.2.2　服务机器人机座

机器人机座可分成固定式和行走式两种，一般的工业机器人为固定式的。但随着海洋科学、原子能工业及宇宙空间事业的发展，移动机器人和自动行走机器人的应用也越来越多了。

### 1. 固定式机座

固定式机器人的机座直接连接在地面基础上，也可固定在机身上，如美国 PUMA -262 型机器人的垂直多关节型机器人，主要包括立柱回转（第一关节）的二级齿轮减速传动，减速箱体即为基座。

PUMA-262 型机器人的传动路线为：电动机输出轴上装有电磁制动闸，然后连接轴齿轮；轴齿轮与双联齿轮啮合，双联齿轮的另一端与大齿轮啮合；电动机转动时，通过二级齿轮传动使主轴回转。基座是一个整体铝铸件，电动机通过连接板与基座固定，轴齿轮通过轴承和固定套与基座相连，双联齿轮安装在中间轴上，中间轴通过 2 个轴承安装在基座上。主轴是个空心轴，通过 2 个轴承、立柱和压环与基座固定。立柱是一个薄壁铝管，主轴上方安装大臂部件，基座上还装有小臂零位定位用的支架、2 个控制末端操作器手爪动作的空气阀门和气管接头等。

### 2. 行走式机座

行走式机座也称行走机构，是行走机器人的重要执行部件，它由行走的驱动装置、传动机构、位置检测元件和传感器、电缆及管路等组成。它一方面支承机器人的机身、臂和手部，另一方面还根据工作任务的要求，带动机器人实现在更大的空间内运动。

行走机构按其行走运动轨迹可分为固定轨迹和无固定轨迹两种方式。固定轨迹式行走机构主要用于工业机器人。无固定轨迹式行走方式按其行走机构的结构特点可分为轮式（见图 2-2）、履带式（见图 2-3）和步行式（见图 2-4）。在行走过程中，前两者与地面为连续接触，后者为间断接触。前两者的形态为运行车式，后者则为类人（或动物）

的腿脚式。运行车式行走机构用得比较多，多用于野外作业，技术比较成熟；步行式行走机构正在发展和完善中。

图 2-2　四轮机器人

图 2-3　履带机器人

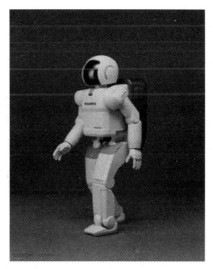

图 2-4　双足机器人

## 2.2.3　手　腕

机器人手腕是连接末端操作器和手臂的部件，它的作用是调节或改变工件的方位，因而它具有独立的自由度，以使机器人末端操作器适应复杂的动作要求。

工业机器人一般需要 6 个自由度才能使手部达到目标位置并处于期望的姿态。为了使手部能处于空间任意方向，要求腕部能实现对空间 3 个坐标轴 $x$、$y$，$z$ 的转动，即具有翻转、俯仰和偏转 3 个自由度。通常把手腕的翻转叫作 Roll，用 R 表示；把手腕的俯仰叫作 Pitch，用 P 表示；把手腕的偏转叫 Yaw，用 Y 表示。

### 1. 手腕的分类

手腕按自由度数目来分，可分为单自由度手腕、2 自由度手腕和 3 自由度手腕。

手腕按驱动方式来分，可分为直接驱动手腕和远距离传动手腕。

## 2. 手腕的典型结构

设计手腕时除应满足启动和传送过程中所需的输出力矩外，还应使手腕结构简单，紧凑轻巧，避免干涉，传动灵活。多数情况下，要求将腕部结构的驱动部分安排在小臂上，使外形整齐；设法使几个电动机的运动传递到同轴旋转的心轴和多层套筒上去，运动传入腕部后再分别实现各个动作。如一个具有腕摆与手转两个自由度的手腕结构，其传动路线为：腕摆电动机通过同步齿形带传动带动腕摆谐波减速器，减速器的输出轴带动腕摆框实现腕摆运动；手转电动机通过同步齿形带传动带动手转谐波减速器，减速器的输出通过一对锥齿轮实现手转运动。需要注意的是，当腕摆框摆动而手转电动机不转时，连接末端操作器的锥齿轮在另一锥齿轮上滚动，将产生附加的手转运动，在控制上要进行修正。

## 3. 柔顺手腕结构

在用机器人进行精密装配作业时，若被装配零件之间的配合精度要求相当高，而由于被装配零件的不一致性，工件的定位夹具、机器人手爪的定位精度无法满足装配要求时，会导致装配困难。因此，提出了装配动作的柔顺性要求。

柔顺性装配技术有两种：一种是从检测、控制的角度出发，采取各种不同的搜索方法，实现边校正边装配，有的手爪还配有检测元件，如视觉传感器、力传感器等，这就是所谓的主动柔顺装配；另一种是从结构的角度出发，在手腕部配置一个柔顺环节，以满足柔顺装配的需要，这种柔顺装配技术称为被动柔顺装配。

水平浮动机构由平面、钢球和弹簧构成，实现在两个方向上的浮动；摆动浮动机构由上、下球面和弹簧构成，实现两个方向的摆动。在装配作业中，如遇夹具定位不准或机器人手爪定位不准时，可自行校正。在插入装配中工件局部被卡住时，将会受到阻力，促使柔顺手腕起作用，使手爪有一个微小的修正量，工件便能顺利插入。

## 2.2.4  末端夹具——手爪

机器人必须有"手"，这样才能根据计算机发出的"命令"执行相应的动作。"手"不仅是一个执行命令的机构，它还应该具有识别的功能，这就是我们通常所说的"触觉"。机器人的手一般由方形的手掌和节状的手指组成。为了使机器人手具有触觉，在手掌和手指上都装有带有弹性触点的触敏元件（如灵敏的弹簧测力计）；如果要感知冷暖，则还可以装上热敏元件。当手指触及物体时，触敏元件发出接触信号；否则就不发出信号。在各指节的连接轴上装有精巧的电位器(一种利用转动来改变电路的电阻而输出电流信号的元件)，它能把手指的弯曲角度转换成"外形弯曲信息"。把外形弯曲信息和各指节产生的接触信息一起送入电子计算机,通过计算就能迅速判断机械手所抓的物体的形状和大小。现在，机器人手已经具有了灵巧的指、腕、肘和肩胛关节，能灵活自如地伸缩摆动，手腕也会转动弯曲。通过手指上的传感器还能感觉出抓握的东西的重量，可以说机器人手已经具备了人手的许多功能。

工业机器人手爪也称为末端执行器或末端操作器，它是机器人直接用于抓取和握紧（吸附）专用工具（如喷枪、扳手、焊具、喷头等）并进行操作的部件。它具有模仿人手动作的功能，并安装于机器人手臂的前端。由于被握工件的形状、尺寸、质量、材质及表面状态等不同，机器人末端操作器大致可分为以下几类：

（1）夹钳式取料手（见图 2-5）。

（2）吸附式取料手（见图 2-6）。

（3）专用操作器及转换器。

（4）仿生多指灵巧手（见图 2-7）。

（5）其他手（见图 2-8）。

图 2-5　夹钳式手爪

图 2-6　吸附盘

图 2-7　仿人机器人手爪

图 2-8　二自由度机械手爪

# 2.3　服务机器人的驱动机构

## 2.3.1　驱动方式分类

驱动执行机构是使机器人各个关节运行起来的传动装置，按照控制系统发出的指令信号，借助动力元件使机器人进行动作。它输入的是电信号，输出的是线、角位移量。机器人的驱动方式一般有电动驱动、液压驱动、气压驱动等方式。小微型机器人一般是电动驱动。工业用机器人一般是电控液压驱动或电控气压驱动。

液压驱动以高压油为工作介质。液压驱动机器人的抓取能力可达上百公斤，液压力可达 7 MPa，传动平稳，但对密封性要求高。液压驱动系统具有动力大、力（或力矩）与惯量比大、快速响应、易于实现直接驱动等特点，适于在承载能力大、惯量大，以及在防爆环境中工作的机器人中应用。但液压系统需进行能量转换（电能转换成液压能），速度控制多数情况下采用节流调速，效率比电动驱动系统低。液压系统的液体泄漏会对环境产生污染，工作噪声也较高。因这些弱点，近年来，在负荷为 100 kg 以下的机器人中往往被电动系统所取代。

气动驱动是最简单的驱动方式，原理与液压相似。这种机器人结构简单，动作迅速，价格低廉。由于空气具有可压缩性，这种机器人的工作速度慢，稳定性差；其气压一般为 0.7 MPa，抓取力小。气动驱动系统具有速度快、结构简单，维修方便、价格低等特点。适于在中、小负荷的机器人中采用。

电动驱动是目前在机器人中用得最多的一种驱动方式。早期多采用步进电机（SM），后来发展了直流伺服电机（DC）。由于低惯量，大转矩交、直流伺服电机及其配套的伺服驱动器（交流变频器、直流脉冲宽度调制器）的广泛采用，这类驱动系统在机器人中被大量选用。这类系统不需能量转换，使用方便，控制灵活。大多数电机后面需安装精密的传动机构。直流伺服电机用得较多的原因是它可以产生很大的力矩、精度高、加速迅速、可靠性高，可在两个方向连续旋转，运动平滑，且本身设有位置控制能力。直流有刷电机不能直接用于要求防爆的环境中，成本也较上两种驱动系统的高。步进电机是通过脉冲电流实现步进的，每给一个脉冲，便转动一个步距。

### 2.3.2 驱动装置分类

#### 1. 直线驱动机构

机器人采用的直线驱动方式包括直角坐标结构的 x、y、z 方向驱动，圆柱坐标结构的径向驱动和垂直升降驱动，以及极坐标结构的径向伸缩驱动。直线运动可以直接由气缸或液压缸和活塞产生，也可以采用齿轮齿条、丝杠、螺母等传动元件把旋转运动转换成直线运动。

#### 2. 旋转驱动机构

多数普通电机和伺服电机都能够直接产生旋转运动，但其输出力矩比所需要的力矩小，转速比所需要的转速高。因此，需要采用各种齿轮链、皮带传动装置或其他运动传动机构，把较高的转速转换成较低的转速，并获得较大的力矩。有时也采用直线液压缸或直线气缸作为动力源，这就需要把直线运动转换成旋转运动。这种运动的传递和转换必须高效率地完成，并且不能有损于机器人系统所需要的特性，特别是定位精度、重复精度和可靠性。运动的传递和转换可以选择下面的方式。

**3. 直线驱动和旋转驱动的选用和制动**

1）驱动方式的选用

在廉价的计算机问世以前，控制旋转运动的主要困难之一是计算量大，所以，当时认为采用直线驱动方式比较好。直流伺服电机是一种较理想的旋转驱动元件，但需要通过较昂贵的伺服功率放大器来进行精确的控制。今天，电机驱动和控制的费用已经大大地降低，大功率晶体管已经广泛使用，只需采用几个晶体管就可以驱动一台大功率伺服电机。同样，微型计算机的价格也越来越便宜，计算机费用在机器人总费用中所占的比例大大降低，有些机器人在每个关节或自由度中都采用一个微处理器。

由于上述原因，许多机器人公司在制造和设计新机器人时，都选用了旋转关节。然而也有许多情况采用直线驱动更为合适，因此，直线气缸仍是目前所有驱动装置中最廉价的动力源，凡能够使用直线气缸的地方，还是应该选用它。另外，有些要求精度高的地方也要选用直线驱动。

2）制动器

许多机器人的机械臂都需要在各关节处安装制动器，其作用是：在机器人停止工作时，保持机械臂的位置不变；在电源发生故障时，保护机械臂和它周围的物体不发生碰撞。假如齿轮链、谐波齿轮机构和滚珠丝杠等元件的质量较高，一般其摩擦力都很小，在驱动器停止工作的时候，它们是不能承受负载的。如果不采用某种外部固定装置，如制动器、夹紧器或止挡装置等，一旦电源关闭，机器人的各个部件就会在重力的作用下滑落。因此，机器人设计制动装置是十分必要的。

制动器通常是按失效抱闸方式工作的，即要松开制动器就必须接通电源，否则，各关节不能产生相对运动。这种方式的主要目的是在电源出现故障时起保护作用，其缺点是在工作期间要不断通电使制动器松开。假如需要的话，也可以采用一种省电的方法，其原理是：需要各关节运动时，先接通电源，松开制动器，然后接通另一电源，驱动一个挡销将制动器锁在放松状态。这样，所需要的电力仅仅是把挡销放到位所花费的电力。

为了使关节定位准确，制动器必须有足够的定位精度。制动器应当尽可能地放在系统的驱动输入端，这样利用传动链速比，能够减小制动器的轻微滑动所引起的系统振动，保证在承载条件下仍具有较高的定位精度。在许多实际应用中，许多机器人都采用了制动器。

## 2.3.3　驱动传动方式

常用驱动方式包括：液压、气动、电动、机械、直接驱动等；新型的驱动方式包括：磁致伸缩驱动、形状记忆合金、静电驱动、超声波电机等。

驱动材料主要有形状记忆合金、压电材料、电流变材料、磁流变材料、超磁致伸缩材料等。

工业机器人的传动装置与一般机械的传动装置的选用和计算大致相同。但工业机器人的传动系统要求结构紧凑、重量轻、转动惯量和体积小，要求消除传动间隙，提高其运动和位置精度。工业机器人传动装置除齿轮传动、蜗杆传动、链传动和行星齿轮传动外，还常用滚珠丝杠、谐波齿轮、钢带、同步齿形带和绳轮传动。

### 1. 磁致伸缩驱动

铁磁材料和亚铁磁材料由于磁化状态的改变，其长度和体积都要发生微小的变化，这种现象称为磁致伸缩。20 世纪 60 年代，研究发现某些稀土元素在低温时磁伸率达 $3\,000 \times 10^{-6} \sim 10\,000 \times 10^{-6}$，人们开始关注研究有实用价值的大磁致伸缩材料。稀土-铁系化合物不仅磁致伸缩值高，而且居里点高于室温，室温磁致伸缩值为 $1\,000 \times 10^{-6} \sim 2\,500 \times 10^{-6}$，是传统磁致伸缩材料（如铁、镍等）的 $10 \sim 100$ 倍。这类材料被称为稀土超磁致伸缩材料（RearEarth-Giant Magneto Strictive Materials, RE-GMSM）。这一现象已用于制造具有微英寸量级位移能力的直线电机。为使这种驱动器工作，要将被磁性线圈覆盖的磁致伸缩小棒的两端固定在两个架子上。当磁场改变时，会导致小棒收缩或伸展，这样其中一个架子就会相对于另一个架子产生运动。一个与此类似的概念是用压电晶体来制造具有毫微英寸量级位移的直线电机。

美国波士顿大学已经研制出了一台使用压电微电机驱动的机器人——"机器蚂蚁"。"机器蚂蚁"的每条腿是长 1 mm 或不到 1 mm 的硅杆，通过不带传动装置的压电微电机来驱动各条腿运动。这种"机器蚂蚁"可用在实验室中收集放射性的尘埃，以及从活着的病人体中收取患病的细胞。

### 2. 形状记忆金属

有一种特殊的形状记忆合金叫作生物金属（biometal），它是一种专利合金，在达到特定温度时缩短大约 4%。通过改变合金的成分可以设计合金的转变温度，但标准样品都将温度设在 90 ℃ 左右。在这个温度附近，合金的晶格结构会从马氏体状态变化到奥氏体状态，并因此变短。然而，与许多其他形状记忆合金不同的是，它变冷时能再次回到马氏体状态。如果线材上负载低的话，上述过程能够持续变化数十万个循环。实现这种转变的常用热源来自当电流通过金属时，金属因自身的电阻而产生的热量。结果是，来自电池或者其他电源的电流轻易就能使生物金属线缩短。这种线的主要缺点在于它的总应变仅发生在一个很小的温度范围内，因此，除了在开关情况下，要精确控制它的拉力很困难，同时也很难控制位移。根据以往的经验，尽管生物金属线并不适合用作驱动器，但有可能期望它在将来会变得有用。如果那样的话，机器人的胳膊就会安上类似人或动物肌肉的物质，并由电流来操纵。

### 3. 静电驱动器

当把电压施加到定子的电极上时，在移动子中会感应出极性与其相反的电荷。当外加电压变化时，因为移动子上的电荷不能立即变化，所以由于电极的作用，移动子会受到右上方向的合力作用，驱动其向右方移动。反复进行上述操作，移动子就会连续地向右方移动。这种驱动器有下列特征：

（1）因为移动子中没有电极，所以不必确定与定子的相对位置，定子电极的间距可以非常小。

（2）因为驱动时会产生浮力，所以摩擦力小，在停止时由于存在着吸引力和摩擦力，因此可以获得比较大的保持力。

（3）因为构造简单，所以可以实现以薄膜为基础的大面积多层化结构。

基于上述各点，把这种驱动器作为实现人工肌肉的一种方法，受到了人们的关注。

### 4. 超声波电机

超声波电机的工作原理是用超声波激励弹性体定子，使其表面形成椭圆运动，由于其与转子（或滑块）接触，在摩擦的作用下转子获得推力输出。声波电机的负载特性与 DC 电机相似，相对于负载增加，转速有垂直下降的趋势，将超声波电机与 DC 电机进行比较，它的特点有：① 可望达到低速、高效率；② 同样的尺寸，能得到大的转矩；③ 能保持大转矩；④ 无电磁噪声；⑤ 易控制；⑥ 外形的自由度大等。

# 2.4　服务机器人传动机构

## 2.4.1　RV 传动

RV 减速器（见图 2-9）的传动装置是由第一级渐开线圆柱齿轮行星减速机构和第二级摆线针轮行星减速机构两部分组成，为封闭差动轮系。RV 减速器结构紧凑、传动比大、振动小、噪音低、能耗低，在一定条件下具有自锁功能，是最常用的减速机之一。RV 减速器是由摆线针轮和行星支架组成，以其体积小，抗冲击力强，扭矩大，定位精度高，振动小，减速比大等诸多优点被广泛应用于各种机器人上。

图 2-9　RV 减速器

### 1. RV 减速器工作原理

RV 减速器的主动的太阳轮与输入轴相连，其渐开线中心轮顺时针方向旋转，带动 3 个呈 120°布置的行星轮绕中心轮轴心公转的同时进行逆时针方向自转，3 个曲柄轴与行星轮相固连而同速转动，两片相位差 180°的摆线轮铰接在 3 个曲柄轴上，并与固定的针轮相啮合，在其轴线绕针轮轴线公转的同时，还将反方向自转。输出机构（即行星架）由装在其上的 3 对曲柄轴支撑轴承来推动，把摆线轮上的自转矢量以 1∶1 的速比传递出来。

**2. RV 减速器的特点**

（1）传动比范围大。

（2）扭转刚度大，输出机构即为两端支承的行星架，用行星架左端的刚性大圆盘输出，大圆盘与工作机构用螺栓联结，其扭转刚度远大于一般摆线针轮行星减速器的输出机构。在额定转矩下，弹性回差小。

（3）只要设计合理，制造装配精度保证，就可获得高精度和小间隙回差。

（4）传动效率高。

## 2.4.2 谐波传动

谐波齿轮传动又称谐波传动。谐波传动减速器主要由波发生器、柔性齿轮和刚性齿轮 3 个基本构件组成，谐波传动减速器是一种靠波发生器使柔性齿轮产生可控弹性变形，并与刚性齿轮相啮合来传递运动和动力的齿轮传动。谐波齿轮传动减速器是利用行星齿轮传动原理发展起来的一种新型减速器（见图 2-10）。

图 2-10　谐波减速器

**1. 谐波传动工作原理**

波发生器是一个杆状部件，其两端装有滚动轴承构成滚轮，与柔轮的内壁相互压紧。柔轮为可产生较大弹性变形的薄壁齿轮，其内孔直径略小于波发生器的总长。波发生器是使柔轮产生可控弹性变形的构件。当波发生器装入柔轮后，迫使柔轮的剖面由原先的圆形变成椭圆形，其长轴两端附近的齿与刚轮的齿完全啮合，而短轴两端附近的齿则与刚轮完全脱开。周长上其他区段的齿处于啮合和脱离的过渡状态。当波发生器沿某一方向连续转动时，柔轮的变形不断改变，使柔轮与刚轮的啮合状态也不断改变，由啮入、啮合、啮出、脱开、再啮入……，周而复始地进行，从而实现柔轮相对刚轮沿波发生器相反方向的缓慢旋转。工作时，固定刚轮，由电机带动波发生器转动，柔轮作为从动轮，输出转动，带动负载运动。在传动过程中，波发生器转一周，柔轮上某点变形的循环次数称为波数，以 $n$ 表示。常用的是双波和三波两种。双波传动的柔轮应力较小，结构比较简单，易于获得大的传动比。

**2. 谐波传动的主要特点**

（1）减速比高：单级同轴可获得 1/30 ~ 1/320 的高减速比。结构、构造简单，却能实现高减速比。

（2）齿隙小：不同于与普通的齿轮啮合，齿隙极小，该特长对于控制器领域而言是不可或缺的要素。

（3）精度高：多齿同时啮合，并且有两个 180°对称的齿轮啮合，因此齿轮齿距误差和累积齿距误差对旋转精度的影响较为平均，使位置精度和旋转精度达到极高的水准。

（4）零部件少、安装简便：三个基本零部件实现高减速比，而且它们都在同轴上，所以套件安装简便，造型简捷。

（5）体积小、质量轻：与以往的齿轮装置相比，体积为 1/3，质量为 1/2，却能获得相同的转矩容量和减速比，实现小型轻量化。

（6）转矩容量高：柔轮材料使用疲劳强度大的特殊钢。与普通的传动装置不同，同时啮合的齿数约占总齿数的 30%,而且是面接触,因此使得每个齿轮所承受的压力变小,可获得很高的转矩容量。

（7）效率高：轮齿啮合部位滑动极小，减少了摩擦产生的动力损失，因此，在获得高减速比的同时，可以维持高效率，并实现驱动马达的小型化。

（8）噪音小：轮齿啮合周速低，传递运动力量平衡，因此运转安静，且振动极小。

### 2.4.3　带传动

带传动（见图 2-11）具有结构简单、传动平稳、能缓冲吸振、可以在较大的轴间距和多轴间传递动力，以及造价低廉、不需润滑、维护容易等特点，在近代机械传动中应用十分广泛。摩擦型带传动能过载打滑、运转噪声低，但传动比不准确（滑动率在 2%以下）；同步带传动可保证传动同步，但对载荷变动的吸收能力稍差，高速运转有噪声。

图 2-11　带转动

#### 1. 平形带传动

平形带传动工作时，带套在平滑的轮面上，借助带与轮面间的摩擦进行传动。传动形式有开口传动、交叉传动和半交叉传动等，分别适应主动轴与从动轴不同相对位置和不同旋转方向的需要。平形带传动结构简单，但容易打滑，通常用于传动比为 3 左右的传动。

平形带有胶带、编织带、强力锦纶带和高速环形带等。胶带是平形带中用得最多的一种。它强度较高，传递功率范围广。编织带挠性好，但易松弛。强力锦纶带强度高，且不易松弛。平形带的截面尺寸都有标准规格，可选取任意长度，用胶合、缝合或金属接头连接成环形。高速环形带薄而软、挠性好、耐磨性好，且能制成无端环形，传动平稳，专用于高速传动。

### 2. 三角带传动

三角带传动工作时，带放在带轮上相应的型槽内，靠带与型槽两壁面的摩擦实现传动。三角带通常是数根并用，带轮上有相应数目的型槽。用三角带传动时，带与轮接触良好，打滑小，传动比相对稳定，运行平稳。三角带传动适用于中心距较短和较大传动比（7左右）的场合，在垂直和倾斜的传动中也能较好工作。此外，因三角带数根并用，其中一根破坏也不致发生事故。

三角胶带是三角带中用得最多的一种，它是由强力层、伸张层、压缩层和包布层制成的无端环形胶带。强力层主要用来承受拉力，伸张层和压缩层在弯曲时起伸张和压缩作用，包布层的作用主要是增强带的强度。三角胶带的截面尺寸和长度都有标准规格。此外，还有一种活络三角带，它的截面尺寸标准与三角胶带相同，而长度规格不受限制，便于安装调紧，局部损坏可局部更换，但强度和平稳性等都不如三角胶带。三角带常多根并列使用，设计时可按传递的功率和小轮的转速确定带的型号、根数和带轮结构尺寸。

### 3. 多楔带（多槽皮带）

多楔带柔性很好，皮带背面也可用来传递功率。如果围绕每个被驱动皮带轮的包容角足够大，就能够用一条这样的皮带同时驱动车辆的几个附件（交流发电机、风扇、水泵、空调压缩机、动力转向泵等）。它有 PH、PJ、PK、PL 和 PM 型等 5 种断面供选用，其中 PK 型断面近年来已广泛用于汽车上。这种皮带允许使用比窄型三角带更窄的皮带轮（直径 $d_{min} \approx 45$ mm）。为了能够传递同样的功率，这种皮带的预紧力最好比窄型三角带增大 20%左右。

### 4. 同步带

同步带的工作面做成齿形，带轮的轮缘表面也做成相应的齿形，带与带轮主要靠啮合进行传动。同步齿形带一般采用细钢丝绳作强力层，外面包覆聚氯脂或氯丁橡胶。强力层中线定为带的节线，带线周长为公称长度。带的基本参数是周节 $p$ 和模数 $m$。周节 $p$ 等于相邻两齿对应点间沿节线量得的尺寸，模数 $m = p/\pi$。我国的同步齿形带采用模数制，其规格用"模数×带宽×齿数"表示。与普通带传动相比，同步齿形带传动的特点是：钢丝绳制成的强力层受载后变形极小，齿形带的周节基本不变，带与带轮间无相对滑动，传动比恒定、准确；齿形带薄且轻，可用于速度较高的场合，传动时线速度可达 40 m/s，传动比可达 10，传动效率可达 98%；结构紧凑，耐磨性好。

## 2.4.4 齿轮传动

齿轮传动(见图 2-12)是由分别安装在主动轴及从动轴上的两个齿轮相互啮合而成。在各种传动形式中，齿轮传动是在现代机械中应用最为广泛的一种传动形式。

### 1. 齿轮传动的基本特点

（1）齿轮传递的功率和速度范围很大，功率可从很小到数十万千瓦，圆周速度可从很小到每秒一百多米。齿轮尺寸可从小于 1 mm 到大于 10 m。

（2）齿轮传动属于啮合传动，齿轮齿廓为特定曲线，瞬时传动比恒定，且传动平稳、可靠。

（3）齿轮传动效率高，一般为 0.94～0.99。工作可靠，使用寿命长。

（4）齿轮种类繁多，可以满足各种传动形式的需要。

（5）可以实现平行轴、相交轴、交错轴等空间任意两轴间的传动，这也是带传动、链传动做不到的。

图 2-12 齿轮转动

### 2. 齿轮传动的分类

齿轮的种类很多，可以按不同方法进行分类。

（1）按啮合方式分，齿轮传动分为外啮合传动和内啮合传动。

（2）按齿轮的齿向不同分，齿轮传动分为直齿圆柱齿轮传动，斜齿圆柱齿轮传动，人字齿圆柱齿轮传动和直齿锥齿轮传动。

（3）按一对齿轮传动的传动比是否恒定来分，可分为定传动比和变传动比齿轮传动。变传动比齿轮传动机构中齿轮一般是非圆形的，所以又称为非圆齿轮传动，它主要用于一些具有特殊要求的机械中。而定传动比齿轮传动机构中的齿轮都是圆形的，所以又称为圆形齿轮传动。定传动比齿轮传动的类型很多，根据其主、从动轮回转轴线是否平行，又可将它分为两类，即平面齿轮传动和空间齿轮传动。

（4）按齿廓形状，可分为渐开线齿轮传动、摆线齿轮传动、圆弧齿轮传动和抛物线齿轮传动等。其中渐开线齿轮传动应用最为广泛。

（5）按工作条件，可分为闭式齿轮传动、开式齿轮传动和半开式齿轮传动。开式齿轮传动中轮齿外露，灰尘易于落在齿面；闭式齿轮传动中轮齿封闭在箱体内，可保证良好的工作条件，应用广泛；半开式齿轮传动比开式齿轮传动工作条件要好，大齿轮部分浸入油池内并有简单的防护罩，但仍有外物侵入。

（6）按齿面硬度，分为软齿面齿轮传动和硬齿面齿轮传动。当两轮（或其中有一轮）齿面硬度≤350 HB 时，称为软齿面传动；当两轮的齿面硬度均>350 HB 时，称为硬齿面传动。软齿面齿轮传动常用于对精度要求不太高的一般中、低速齿轮传动，硬齿面齿轮传动常用于要求承载能力强、结构紧凑的齿轮传动。

齿轮传动的类型虽然很多，但渐开线直齿圆柱齿轮传动是其中最简单、最基本的类型。

### 2.4.5　行星减速机

行星减速机是一种具有广泛通用性的新性减速机，内部齿轮采用 20CvMnT 渗碳淬火和磨齿。行星减速机体积小、重量轻、承载能力高、使用寿命长、运转平稳、噪声低，具有功率分流、多齿啮合独用的特性。最大输入功率可达 104 kW。整机具有结构尺寸小、输出扭矩大、速比大、效率高、性能安全可靠等特点。级数即行星齿轮的套数，由于一套行星齿轮无法满足较大的传动比，有时需要 2 套或者 3 套来满足用户较大传动比的要求。由于增加了行星齿轮的数量，所以 2 级或 3 级减速机的长度会有所增加，效率会有所下降。回程间隙，即将输出端固定，输入端顺时针和逆时针方向旋转，使输入端产生额定扭矩×（1±2%）的扭矩时，减速机输入端的一个微小的角位移。其单位为"分"，就是一度的六十分之一，也有人称之为背隙。

行星减速机主要传动结构为：行星轮、太阳轮、外齿圈。行星减速机因为结构原因，单级减速最小为 3，最大一般不超过 10，常见减速比为：3、4、5、6、8、10，减速机级数一般不超过 3，但有部分大减速比定制减速机有 4 级减速。

行星减速机工作原理如下：

（1）齿圈固定，太阳轮主动，行星架被动。此种组合为降速传动，通常传动比一般为 2.5～5，转向相同。

（2）齿圈固定，行星架主动，太阳轮被动。此种组合为升速传动，传动比一般为 0.2～0.4，转向相同。

（3）太阳轮固定，齿圈主动，行星架被动。此种组合为降速传动，传动比一般为 1.25～1.67，转向相同。

（4）太阳轮固定，行星架主动，齿圈被动。此种组合为升速传动，传动比一般为 0.6～0.8，转向相同。

（5）行星架固定，太阳轮主动，齿圈被动。此种组合为降速传动，传动比一般为 1.5～4，转向相反。

（6）行星架固定，齿圈主动，太阳轮被动。此种组合为升速传动，传动比一般为 0.25～0.67，转向相反。

（7）把三元件中任意两元件结合为一体。可以把行星架和齿圈结合为一体作为主动件，太阳轮为被动件，或者把太阳轮和行星架结合为一体作为主动件，齿圈作为被动件。

（8）三元件中任一元件为主动，其余的两元件自由。

### 2.4.6　其他传动

（1）滚珠丝杠（直接连接）：用于距离较短的高精度定位。电机和滚珠丝杠只用联轴节连接，没有间隙。可加大向机械系统传递的转矩。由于产生齿轮侧隙，需要采取补偿措施。

（2）齿条和小齿轮：用于距离较长的（台车驱动等）定位。小齿轮转动一圈包含了 π 值，因此需要修正。

（3）链条驱动：用于长距离传输，必须考虑链条本身的伸长并采取相应的措施。在减速比比较大的状态下使用，其机械系统的移动速度小。

（4）进料辊：将板带上的材料夹入辊间送出。由于未严密确定辊子直径，在尺寸长的物件上将产生误差，需进行 π 补偿。如果急剧加速，将产生打滑，送出量不足。

（5）转盘分度：转盘的惯性矩大，需要设定足够的减速比。转盘的转速低，多使用蜗轮蜗杆。

（6）主轴驱动：在卷绕线材时，由于惯性矩大，需要设定够的减速比。在等圆周速度控制中，必须把周边机械考虑进来研究。

## 2.5　服务机器人电源技术

目前，移动机器人基本上都采用电池作为能源，同时为移动机构提供动力，为控制电路提供稳定的电压，为传感观测模块提供能源等。在这一领域一般采用二次电池，如铅酸电池、银锌电池、镍镉电池和镍锌电池等。铅酸电池是一种比较好的机器人能源，其电压高、寿命长、可高比率放电、价格低、结构简单可靠、工艺成熟，但能量密度低。银锌电池是现有二次电池中输出功率最大、能量最高的电池，自放电速度慢、机械强度高、可短期超负荷放电、放电电压平稳，但价格贵、充电时间长、寿命短、充电次数少。镍镉电池和镍锌电池电压低、价格贵。

### 2.5.1 移动电源技术

充电、高功率密度能源动力、自主电源再充电问题是移动电源技术的三个重要研究方向。

移动电源为移动机构提供动力，为控制电路提供稳定的电压，为服务执行模块提供能源等。移动服务机器人一般采用化学电池作为移动电源。

理想电源的特点包括：高能量密度，能够在放电过程中保持恒定的电压；内阻小，以便快速充放电；耐高温、可充电、成本低等。

服务机器人要求能够在无人的环境下长期连续地工作。当电源不足时，机器人必须自动寻找充电站，进行对接充电，并监控电源电压，当达到额定电压之后机器人继续执行任务。

对机器人充电问题的研究可以追溯到 1948 年，Grey Walter 用两个机器人 Elsie 和 Elmer 进行了研究，这两个机器人可以跟踪光源。Walter 建了一个充电站，在充电站里放置一个光源和充电器，当机器人进入充电站时可以进行对接充电。ActivMedia 公司为他们的机器人设计了一种充电站，充电站为一个强化纤维塑胶垫上的带有镀锡铜的充电板，机器人底盘上装有接触板。机器人利用预先建立的环境地图进行导航寻找充电站。当机器人进入充电站时，机器人通过传感器感知这一信息并探出接触板进行充电。

筑波大学研究了一种自主充电移动机器人 Yamabico-Liv。它利用已知的环境地图和导航系统引导机器人到达充电站。机器人配备特别的设备和充电站进行对接。卡内基·梅隆大学机器人研究所开发了一种自主机器人 Sage，它利用 CCD 和三维路标引导充电。加利福尼亚大学进行了机器人自主充电研究，通过在充电站的上方设置色块和 IR 二极管来引导机器人对接并监控充电状况。

移动机器人实现长期自主工作除了利用充电站之外还有其他方法。例如：火星探测器利用太阳能充电电池吸收阳光并转换为能量（用非充电电池作为备用电池）；通过模拟空中的生物获得能量的方式——捕获未蒸发的燃料液滴并进行分解获得能源。

助老/助残机器人的行走控制系统应是对外界环境高度开放的智能系统，行走时对各种道路状况做出实时感知和决策，根据局部规划的结果和当前机器人的位置姿态和速度向机械装置发出驾驶命令，实现避障、前进等功能，并在保证用户舒适度的前提下提高移动速度。因用户要平滑、安全地使用机器人，系统要有足够快的反应能力，要求处理速度快，满足实时性的要求，且正确度高，故控制算法的研究特别重要。常用控制算法有最优控制算法、PID 路径跟踪算法、预瞄控制算法、模糊控制算法和神经网络控制算法。实际控制通常综合采用多种算法，以期达到最佳控制效果。控制系统硬软件均在机器人内部完成，一般使用的都是机载电源，要求电源系统体积小、总量轻、连续工作时间长。

家庭服务机器人尤其是陪护型助老/助残机器人的作业臂设计与操作技术，是真正解决老年人与残疾人独立生活（协助拿取物品、料理家务）的关键技术，极具挑战性。

为陪护型助老/助残机器人设计的作业臂，既要能完成较复杂的操作，又要求成本低，还要保证绝对安全。目前国内外研制的单作业臂或双作业臂的陪护型助老/助残机器人距离上述要求均还较远。

### 2.5.2　常用的移动电源的化学电池

工作环境对服务机器人的能源提出了特殊要求，目前服务机器人基本上都采用电池作为能源，电池有一次电池、二次电池和燃料电池。

作为机器人能源的一次电池要求能量密度高、自放电少、可靠性高，一次电池有锰干电池、碱性锰电池、锂电池、汞电池、氧化银电池等。锂电池电动势高、能量密度高、工作温度范围大、自放电少，正逐步走向实用化，是一种非常好的机器人能源。

二次电池又叫蓄电池，有铅酸电池、银锌电池、镍镉电池和镍锌电池等。铅酸电池是一种比较好的机器人能源，电压高、寿命长、可高比率放电、价格低、结构简单可靠、工艺成熟，但能量密度低。

燃料电池有碱性燃料电池、磷酸燃料电池、熔融碳酸盐燃料电池、固体电解质燃料电池等，燃料电池体积小、重量轻、寿命长、效率高、无污染，是一种非常好的清洁机器人用电源，但目前还处于研究开发阶段。

# 2.6　服务机器人自主移动技术

## 2.6.1　服务机器人传感器

激光雷达相当于移动机器人的"眼睛"，它通过不停扫描来获取二维空间的点阵数据，但这并不能直接被移动机器人使用。

目前，应用于自主移动机器人的导航技术有很多，如电磁导航（需在地上布置感应线圈）、GPS 导航（室内精度太低）等。另外，一些导航方法由于精度或实时性等原因，也很难应用在商业化的室内移动机器人中，如基于 RFID 的导航系统精度较低，而视觉导航虽然具有信号探测范围广、获取信息完整等优点，但需处理的实时图像数据量巨大，实时性较差。

近年来，激光 SLAM （Simultaneous Localization And Mapping）技术从理论研究到实际应用，发展十分迅速，这种在确定自身位置的同时构造环境模型的方法，可用来解决机器人定位导航问题。其中，激光 SLAM 技术利用激光雷达作为传感器，获取地图数据，使机器人实现同步定位与地图构建。这是目前最稳定、最可靠、高性能的 SLAM 方式。

现在，低成本激光雷达面市也有一段时间了，但是市面上真正能做到路径规划的扫地机器人却寥寥无几。安装了激光雷达后，虽然可以得到环境的轮廓信息，但需要利用算法进行后期处理，建模后才能得到真正的地图数据。也就是对于环境建模算法的开发能力不够，无法自己完成环境建模。

除了现有的电磁导航外，还在机器人身上安装了激光雷达，所能实现的功能非常有限，比如它可以在行走途中感应前方障碍物，并自动停止行走。

激光雷达作为机器人的核心传感器，其重要性不言而喻。但是，移动机器人要实现完全自主移动，必然不能单单依靠激光雷达本身，其他多种传感器辅助作业也很重要。

有些服务机器人全身布满了传感器，它可以根据感应到的声音和动作做出适当反应，对于光线和触觉的反应也更加灵敏。主要的传感器如下：

（1）光学传感器：依靠传感器的帮助让机器人能够"看见"。它可以让机器人区分物体的颜色、形状、尺寸，以及确定光照强度，或光照强度不同的颜色。

（2）声音传感器：声音传感器可让机器人"听到"。声音传感器能够测量的噪音水平 [ 以分贝（dB）及 dB（A）表示，频率为 3～6 kHz 的声音是人耳最敏感的 ]，检测、测量声音的波形和频率，配合语音系统，识别声音信号的含义。

（3）触碰传感器。触摸传感器为机器人创造"感觉"，可以侦测到单个或多个按钮、压力机。

（4）超声波传感器：带有超声波传感器的机器人能够"看到"物体的位置，超声波传感器能够侦测到机器人附近数英寸或数厘米范围的目标。

多种传感器构成一个大的反馈回路，从而大大提高机器人的工作精度和感知能力（见图 2-13）。

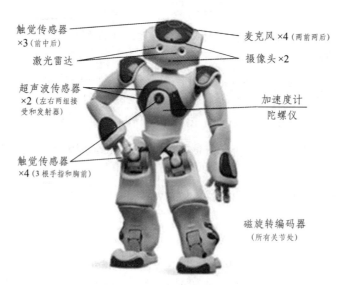

图 2-13　机器人上的传感器

### 2.6.2　环境感知传感器和信号处理方法

多传感器信息融合技术的基本原理就像人脑综合处理信息的过程一样,它充分地利用了多个传感资源,通过对各种传感器及其观测信息的合理支配与使用,将各种传感器在空间和时间上的互补与冗余信息依据某种优化准则组合起来,产生对观测环境的一致性解释和描述,多传感器信息融合技术按照数据的抽象层次分类可分为数据层融合、特征层融合和决策层融合 3 种。

### 2.6.3　智能控制

智能控制主要包括模糊控制、神经网络、进化计算等,且逐渐成为成熟的控制方法。模糊控制源于模糊数学,或称弗晰数学,是研究如何表现和处理模糊性现象的一个数学分支,模糊控制是以模糊集合论、模糊语言变量及模糊逻辑推理为基础的一种计算机数字控制。从生物学的观点来看,神经网络的功能为信息处理和推理、联想和思维等高级的思想活动,而人工神经网络控制是利用工程技术手段模拟人脑神经网络的结构和功能的一种技术系统,它是一种大规模并行的非线性动力学系统。

### 2.6.4　导航与定位

在服务机器人系统中,自主导航是一项核心技术,是机器人研究领域的重点和难点问题。它把人工神经网络控制和多传感器融合技术相结合用于服务机器人的导航定位系统,如图 2-14 所示。

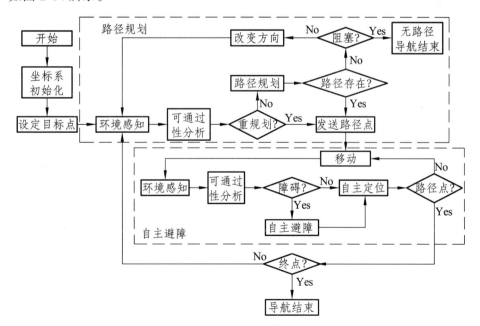

图 2-14　服务机器人导航定位系统

### 2.6.5　路径规划

路径规划就是指在服务机器人工作空间中找到一条从起始状态到目标状态、可以避开障碍物的路径。路径规划方法大致可以分为传统方法和智能方法。

传统路径规划方法主要有以下几种：自由空间法、图搜索法、栅格解耦法、人工势场法。在这几种方法中，人工势场法是传统算法中较成熟且高效的规划方法，它通过环境势场模型进行路径规划，但是没有考察路径是否最优。

智能路径规划方法是将遗传算法、模糊逻辑以及神经网络等人工智能方法应用到路径规划中，以提高机器人路径规划的避障精度，加快规划速度，满足实际应用的需要。其中应用较多的算法主要有模糊方法、神经网络、遗传算法、Q 学习及混合算法等。这些方法在障碍物环境已知或未知情况下均已取得一定的研究成果。把模糊控制和人工神经网络控制相融合，就形成模糊神经网络控制，可用于服务机器人的避障。以 BP 网络作为机体，基于模糊规则的模糊神经网络，采用 CCD 摄像机和多个超声波测距传感器，实现服务机器人的避障控制，如图 2-15 所示。

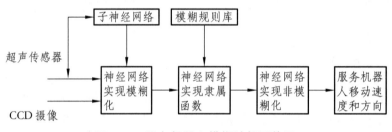

图 2-15　服务机器人模糊神经网络图

## 2.7　本章小结

服务机器人本体包括人机交互及识别模块、环境感知模块、运动控制模块、执行结构模块、电源等。本章详细介绍了服务机器人执行机构的机座、手臂、手腕、手爪的结构、类型、特点等知识。

### 习　题

1. 服务机器人的系统组成有哪些？
2. 服务机器人驱动方式有哪些？各自特点是什么？
3. 常用的服务机器人自主导航技术有哪些？
4. 简述 RV 减速器工作原理。
5. 简述谐波减速器的组成和工作原理。

# 第3章　服务机器人的控制系统

## 3.1　服务机器人的控制

服务机器人技术研究已有几十年历程，取得了丰富成果，结合 Internet 和 5G GPRS/GSM 等信息网络技术的发展，如何更好地控制服务机器人已经成为研究的热点，对促进服务机器人的专业化和产业化发展具有深远意义。

不同的服务机器人在功能以及硬件组成上存在较大的差异，使得控制系统也缺乏统一的规范，没有通用性。不同的服务机器人软件往往具有不同的框架体系。所谓通用，是指运用软件工程的方法，开发出适合不同类型的服务机器人的软件，这样就能大大缩短服务机器人软件的开发周期，避免重复劳动，提高工作效率。

### 3.1.1　控制系统的概念

虽然服务机器人分类广泛，有清洁机器人、医用服务机器人、护理和康复机器人、家用机器人、消防机器人、监测和勘探机器人等，但一个完整的服务机器人系统通常都由 3 个基本部分组成（移动机构、感知系统和控制系统）。因此，与之相应的自主移动技术（包括地图创建、路径规划、自主导航）、感知技术、人-机交互技术就成为各类服务机器人的关键技术基础。

要了解服务机器人控制系统的概念，首先需要理解机器人的路径规划与机器人的导航控制。

路径规划就是根据机器人所感知到的工作环境信息，按照某种优化指标，在起始点和目标点规划出一条与环境障碍无碰撞的路径。按机器人获取环境信息的方式不同，大致分为 3 种类型：基于模型的路径规划，主要应用于结构化环境，规划方法有栅格法、可视图法、拓扑法等；基于传感器信息的路径规划，主要用于非结构化环境，规划方法有人工势场法、确定栅格法和模糊逻辑算法等；基于行为的路径规划，把规划问题分解为许多相对独立的单元，如避碰、跟踪等。

常用的路径规划方法主要有 3 种：路线图方法（Roadmap Approach）、单元分解方法（Cell Decomposition）和爬行虫方法。

### 1. 路线图方法

路线图方法主要利用可视图规划路径,该方法适用于环境中的障碍物是多边形的情况,将机器人、目标点和多边形障碍物的各顶点进行组合连接,要求机器人和障碍物各顶点之间,以及各障碍物顶点与顶点之间的连线均不能穿越障碍物,即直线是可视的。然后搜索路径的问题就转化为从起始点到目标点经过这些可视线的最短距离问题,如图3-1所示。

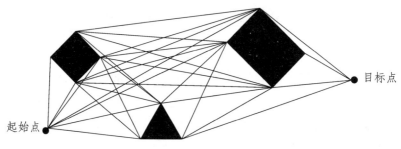

图 3-1 路线图方法示意图

### 2. 单元分解法

单元分解法是采用预先定义的基本形状单元来分解环境,并将这些基本单元及它们之间的连线组成一个连通图,然后运用图搜索的方法进行路径规划。

根据分解单元的不同可以分为两类:精确单元分解法(梯形分解单元)和近似单元分解法(栅格单元)。

1)精确单元分解法

精确单元分解法是用梯形单元或三角形单元分解自由空间,并用连通图表示各单元之间的相邻关系,然后在连通图中搜索路径,找到路径之后,再将单元序列转换为安全路径(即连接两个相邻单元的中点)。

2)近似单元分解法

近似单元分解法主要是栅格分解法。开始时整个环境被分割成多个较大的矩形,每个矩形之间都是连续的,如果某矩形内部包含障碍物或者边界,则继续分成4个小矩形,该分割递归进行直到每个矩形或者是完全的自由空间,或者是完全被障碍物占据。在进行路径规划时,只用完全是自由空间的栅格,同样该方法的规划也是用图搜索的方法进行。栅格法容易实现,但是栅格划分的大小直接影响环境信息的存储量和规划时间的长短。栅格划分过大,信息存储量小,会丢失许多有用的信息,分辨率下降;栅格划分过大,信息存储量急剧增加,规划时间长。

3)爬行虫算法

上述几种方法都是全信息规划方法,爬行虫算法是用有限的信息进行规划。在该方法中，机器人时刻知道目标的方位并且只能感知局部范围内的环境，环境中包含有限个障碍物，并且一条直线和障碍物相交有限次。机器人开始时向着目标位置运动，当遇到障碍物时沿着障碍物边线运动，直到障碍物不再阻拦机器人向目标前进，机器人继续向目标位置前进。

导航的基本任务包括基于环境理解的全局定位、目标识别、障碍物检测，以及安全保护。根据环境信息的完整程度、导航指示信号类型等因素的不同，可以分为基于地图的导航、基于创建地图的导航和无地图的导航。根据采用硬件的不同，又可分为视觉导航系统和非视觉传感器组合导航。其中视觉导航和其他传感器融合将是服务机器人智能导航的主要发展方向。

感知技术用来完成对服务机器人位置、姿态、速度和系统内部状态的监控，以及感知服务机器人所处工作环境的信息。通常采用的传感器分为内部传感器和外部传感器。传感器的选择在很大程度上影响了机器人的导航质量。在实际应用中往往使用多种传感器共同工作，并采用传感器融合技术对检测数据进行分析、综合和平衡，利用数据间的冗余和互补特性进行容错处理，以求得到所需要的环境特性。

由于服务机器人直接和人打交道，因此实现人与机器人相互之间的互助、信息传递非常重要。这主要包括视觉和语音交互、力觉和触觉交互，多通道交互，以及新型人机交互，以便提供友好的用户界面，多层次、可选择的用户输入和方便的用户操作。此外，由于操作者和服务机器人常有直接接触，加之某些服务机器人的实际用户应变能力差，因此系统的安全性是设计过程中要考虑的首要问题。所以安全保护技术也是服务机器人关键技术之一。

### 3.1.2　控制系统的构成

#### 1. 模块化控制

目前，机器人技术正在向智能机器和智能系统的方向发展，其发展趋势主要为：结构的模块化和可重构化；控制技术的开放化、PC 化和网络化；伺服驱动技术的数字化和分散化；多传感器融合技术的实用化；工作环境设计的优化和作业的柔性化，以及系统的网络化和智能化等方面。而要想机器人真正像电视、电脑等家用电器一样普及，关键在于标准化和模块化。

在技术上，机器人的软件是专用而复杂的，由于缺乏统一的标准和平台，每个机器人制造商都有自己的体系结构，相关应用厂商无力开发大量不同的应用软件，无法进入机器人市场。所以应该加快开展体系结构、中间件与模块化技术攻关和应用示范，加大扶持以中间件与模块化技术为核心的软件与功能构件产业化发展。

1）服务机器人模块化的定义

a）日韩对模块化定义的理解

日本定制机器人必须能廉价开发。为实现这个目标，传感器、传动器、手臂、移动部件等这些机器人的硬件单元及控制工具、机器人和操作系统的中间软件等产品应该应有尽有，而且，这些产品就像个人电脑一样，必须具有开放性。因此，必须有一些企业向市场提供这些机器人的组成单元，而另外一些企业用这些组成单元来集成定制机器人。把机器人采用的部件模块化，只要将模块化的功能部件组合起来，就能按用户的要求提供服务。这种模块化的机器人功能部件，称为 RT 组件。在 RT 组件中，有的是由硬件和控制软件组成的，如传感器模块；有的仅仅是由一些软件组成的，如数据处理模块。

韩国模块化机器人操作臂是一个把一些离散的关节和连杆装配成多种可能配置形式中的一种的机器人系统。它由一系列大小、型号可互换的连杆和关节组成。通过对这些模块的组装，应用标准的机械和电气接口，就可以制造出适应不同任务要求的机器人。这种机器人具有成本低、易维护、易修改、持久无故障等优点。

b）欧美对模块化定义的理解

美国把一系列的零部件，如驱动关节、连杆、动力单元、软件模块等组装成适合特定任务要求的移动机器人。在选择机器人的配置模块时使用遗传算法，目的是为了选择最好的组合。

通过此方法，可以快速、高效地设计、制造移动机器人。根据执行任务的不同，可以选择不同的配置。通过组合预制件模块，可以极大地减少开发时间。此外，可重用的"标准化"模块也可以降低成本。

机器人零部件的模块化可以使研究人员"即插即用"（plug-and-play）已有的部件，而不是完全重新地去设计一个新的部件。建立标准的目标是人们可以像与一辆汽车打交道一样地与机器人打交道，或者至少是建立一个与机器人打交道的一般性的协议。

英国对机器人的模块（组件）十分关注，并有以下分类：

（1）EUROP：一个组件就是一个产品的一部分或一个模块。

（2）CLAWAR：一个模块功能齐全的装置或子装配体，它能够独立地运转，很容易安装和进行电气连接，可与另外的模块组合成一个功能完备的可靠性系统。

意大利对模块的定义：一个可重复使用和可重构的结构块，它是具有精确规格的、很好定义的普通实体。一个模块可以是一个元件、一个单元、一个工作站、甚至可以是一条直线。

2）模块化的通用原则和标准

服务机器人的功能可以包括娱乐、教育、监控、医疗等，工作环境可以是室内、室外、矿井、隧道等，驱动方式可以是轮式、履带或其他复合形式等。但从技术实现来说，都是由驱动、传感、交互、通信等功能模块组成。标准框架就是要从体系结构、软硬件实现等方面对机器人的设计进行总体规范,把整个机器人系统中含有的相同或相似功能单元分离出来,用标准化原理进行统一、归并、简化,以通用单元的形式独立成为模块,各模块间功能相对独立、完整。在机构设计上,总体机构应该容易拆卸,便于平时的试验、调试和修理。应给机器人暂时未能装配的传感器、功能元件等预留安装位置,以备将来功能改进与扩展,各个功能模块之间相互独立装配、互不干扰。在硬件设计上要做到各模块可被轻松替换与配置以适应新的应用,在软件上要制定一个通用的协议,符合该协议的对象可以互相交互,不论它们是用什么样的语言写的,不论它们运行于什么样的机器和操作系统。

服务机器人主要针对人类生活中的服务活动,如物品(报纸、饮料等)递送、协助人类进行物品搬运等,其特点是具有工作环境的不确定性、任务的灵活性或多样性、人机交互性(包括安全性、可靠性、及时响应能力)。为此,可借鉴工业机器人现有的国际标准,对机器人系统按照功能进行模块划分。但服务机器人功能多种多样,如有些需要视觉定位或导航功能,有些需要远红外传感器实现避障功能,有些需要语音识别功能和语音功能进行人机对话,还有机器人可视化编程、控制等功能。为使家用机器人系统更为简洁、结构更加灵活实用,提出了家用服务机器人系统中"通用模块"和"专有模块"的概念。用户根据不同的需求,定制自己需要的"专有模块",与少量必要的"通用模块"相结合,迅速集成所需的家用服务机器人系统。

通用模块就是通过对服务机器人在家用背景下的功能进行分析、抽象,提取出机器人的基本功能。例如,机械方面可以划分为机械臂、手爪、移动底盘等模块,软件上可划分为机器人建模功能,环境创建功能,导航(路径规划)功能,动作任务规划功能等。

专有 RT 模块是针对特定场合应特定需求而开发设计的模块,如传感器组件库、语音模块、语音识别模块、机器人的行为库、策略库等。用户可以结合特定需求在行为、策略库中定义、添加新的行为、算法等。

3)模块化技术发展的主要特点

(1)服务机器人功能划分及框架设计的标准化。

(2)系统的柔性化。用户根据不同的需求,定制自己需要的"专有模块",与少量必要的"通用模块"相结合,迅速集成所需的机器人系统,使机器人系统更为简洁、结构更加灵活,以适应服务机器人多种多样的应用需求。

(3)系统的开放性。各个模块都要进行封装,各模块仅对外界提供一定的服务,而屏蔽掉了服务实现的细节,从而保证了模块开发商的知识产权,同时由于各个模块的接口是公开的,模块提供的服务经授权后是可获得的,从而保证了其他开发人员在无须知道其内部实现细节的情况下,直接调用模块服务针对系统某一方面的内容进行二次开发,进行功能扩展或创新,从而极大提高了系统活力和应用潜力。同时,系统开放性的实现,也在一定程度上降低了机器人开发的门槛,一些规模较小的公司、研发团队也可针对系统某一项特定应用进行深入研究,其成果也可以集成到现有系统中来。在机器人团队研发上进行有效的分工，避免重复研发工作，无疑将对今后的机器人开发起到重要的推动作用。

（4）模块的柔性化。为了实现机器人可插拔式组装和用户个性化定制功能，提出机器人模块概念，对机器人进行模型化描述，从而对机器人内各种资源（也称 RT 单元，Robot Technology Unit）进行统一的标识和管理，以支持不同 RT 单元的协调工作。同时开发人员也可以将本系统中的机器人模型进行继承，扩展开发自己的机器人模型，这样可以方便地将已有系统的代码移植到其他的机器人硬件中，从而极大地提升了家用服务机器人系统的柔性和可移植性。

（5）模块的智能化。即对服务机器人模块内各种功能接口建立上下文信息，从而对各个模块进行功能描述与建模，使服务机器人各种功能模块能够具备一定的自组织、自管理能力，从而使模块具有更高的智能性。

随着服务机器人技术和模块化程度的不断提高，服务机器人的表现形态将成为模块化技术和构件组合而成的集合体。微软公司开发的 Robotics Studio（MSRS）也清楚地表达了这样一个发展趋势。在这个机器人的开发套件里，除了解决多传感器信息处理等并发问题以外，还利用分布软件服务（DSS）技术简化了分布式机器人应用程序的编写。这种分布式软件服务能够为开发者在编写应用程序时提供各项服务。例如，读写传感器信息或控制电机等部件的编程，程序能够对各个独立运行的过程进行协调，这种方法类似于把来自不同服务器的文本、图片和信息等整合在一个网页上面。分布式软件服务让软件的各个组成部分能够彼此独立运行，把这种服务软件与宽带无线技术相结合，就能很方便地通过网络浏览器对机器人进行远程监控和调节。而且，这种分布式软件服务的应用程序不一定要完全安装在机器人上，它可以分布于多台计算机中。这样，就可以利用现在家用电脑上相对便宜的高性能硬件设备来完成机器人运行中复杂的处理任务，从而降低成本。这种技术的发展将为新一代机器人的诞生铺平道路。这种机器人实质上就是台式计算机的可移动无线外设，利用 PC 强大的处理功能处理视觉识别、导航等任务。同时，又因为这些设备可以通过网络相互连接，从而支持多机器人协同工作。

在构建机器人系统时，基于标准化技术的模块化方法可以提高机器人功能的兼容性和可重用性。在不久的将来，通过集成各种各样的模块，机器人系统的开发过程将更加快速，更加柔性化。

## 2. 智能化控制

环境智能化瞄准的方向是：① 通过智能化的环境本身实现机器人服务；② 通过智能化的环境强化其环境中的单个机器人的功能。不管是哪一种情况，通过环境的智能化实现上述功能的优点可以归纳为下述两点：

（1）机器人系统容易实现。环境系统是一个包括对象物在内的系统结构，因为扩大了空间利用，缓解了机器人系统的空间限制，即便需要安装许多传感器和传动设备的系统也是容易实现的。另外，这些单元之间的连接布线可以埋设在天花板和墙壁内部，也可以采用无线网络的形式，就能形成很少受到人干预的系统结构，能够利用许多传感器和传动设备，这就是说，能够用最适当的器件完成相应的服务。

（2）容易实现人与机器人共存。服务机器人系统因为受人的干预程度低，所以能够形成不管什么时候都能和人进行交流的系统。这就是说，能够形成一个可长时间监控或在日常生活中必要的时刻总是能给予服务的系统。这种经常性的工作，对健康监控和安全防范监控来说是一种非常必要的功能。

在日本爱知世博会上，研究人员通过采用埋设在多处环境中的器件实现对人综合服务的演示，同时提出了"超级服务机器人"的概念。超级服务机器人是一种在人的周围、随时能够为人提供必要服务的综合机器人。今后，作为环境型机器人的研究方向，机器人产业不仅是和机器人有关，这种以人为中心的综合研究和相应的综合软件框架研究也极为重要。

### 3.1.3  控制系统的功能

随着服务机器人的大量使用，怎样定义服务机器人的行为规范，怎样使人类社会适应这种变化，也是一个重要的课题。正如恩格尔伯格所说，服务机器人与人们的生活密切相关，服务机器人的应用将不断改善人们的生活质量，一旦服务机器人像其他机电产品一样被人们所接受，走进千家万户，其市场将不可限量。此外，在我国，服务机器人产业作为一个新兴的产业缺乏行业标准，产品面市前尚需国家有关方面及时理顺市场准入机制，制定行业标准、操作规范以及服务机器人的评价体系。

# 3.2  服务机器人的自主移动技术

如何在复杂、不可预测的环境中自主移动到目标点，并且能够躲避障碍物是移动机器人最基本、最重要的能力之一，也是其他应用的基础。机器人路径规划最早的研究是如何从起始点运动到目标点，在服务机器人中，许多场合需要该类型的研究，如医疗服务机器人、健康福利服务机器人、搬运机器人等都经常需要该类型路径规划。

下面介绍服务机器人自主移动的关键技术。

### 3.2.1  多传感器信息融合技术

服务机器人自主移动的工作环境往往是不确定的或多变的，为了能在未知或时变环境下自主地工作，服务机器人应具有感受自身环境和规划自身动作的能力，需要用传感器探测环境、分析信号，以及通过适当的建模方法来理解环境，获得环境的更多信息。在机器人运动规划过程中，传感器主要为系统提供两种信息：附近障碍物的存在信息，以及障碍物与机器人之间的距离信息。

近几年，应用到机器人移动实时避障的传感器一般分为两大类，即无源式传感器和有源式传感器。无源式传感器主要有触觉传感器和视觉传感器；有源式传感器主要有电容耦合式传感器、电涡流传感器、超声波传感器和红外线传感器。目前移动机器人领域中多传感器信息融合方法主要有：加权平均法、Kalman 滤波、Bayes 估计、D-S 证据推理、模糊逻辑、神经网络、粗集理论、小波分析理论和支持向量机等。

### 3.2.2 路径规划与导航技术

路径规划的目标是在物理空间中找到一条从初始点位置到最终点位置的路径，避免与所有障碍物碰撞。按照环境建模方式和搜索策略的异同，可将规划方法大致上分成 3 类：基于自由空间几何构造的规划；前向图搜索算法和近年兴起的基于随机采样的运动规划；基于几何构造的规划方法，包括可视图、Voronoi 图、切线图及精确（近似）栅格分解等。前向图搜索算法是从起始点出发向目标点搜索的算法，常用的包括贪心算法、Dijkstra 算法、$A^*$算法、$D^*$算法（Dijkstra 算法的变种）以及人工势场法等。基于随机采样的规划算法用于克服人工势场法存在的局部极小和在高维姿态空间中规划时存在的效率问题，主要有随机路径规划器（RPP），概率路标算法（PRM）及其变种算法。规划过程既是搜索的过程，也是推理的过程，因此人工智能中的很多优化、推理技术也被运用到移动机器人运动规划中来，如遗传算法、模糊推理，以及神经网络等。

导航是对移动机器人所要求的最具挑战性的能力之一。根据环境信息的完整程度、导航指示信号类型、导航地域等因素的不同，将导航方式分为电磁导航、惯性导航、基于地图模型的导航、视觉导航、味觉导航、声音导航、GPS 导航等。多传感器融合导航示意如图 3-2 所示。

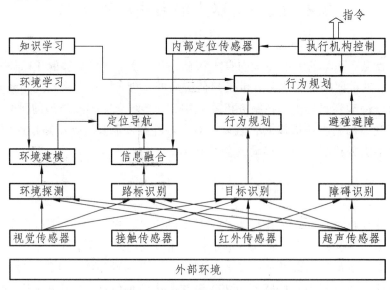

图 3-2　多传感器融合导航示意

### 3.2.3　电源技术

目前，服务机器人基本上都采用电池作为能源，同时为移动机构提供动力，为控制电路提供稳定的电压，为传感观测模块提供能源等。在这一领域一般采用二次电池，如铅酸电池，银锌电池、镍镉电池和镍锌电池等。铅酸电池是一种比较好的机器人能源，电压高、寿命长、可高比率放电、价格低、结构简单可靠、工艺成熟，但能量密度低。银锌电池是现有二次电池中输出功率最大、能量最高的电池，自放电速度慢、机械强度高、可短期超负荷放电，放电电压平稳，但价格贵、充电时间长、寿命短、充电次数少。镍镉电池和镍锌电池电压低、价格贵。设计人员应该根据具体工作环境和要求选择性价比高、容量大，能增加机器人不间断工作时间的高效电池。

### 3.2.4　人-机交互技术

由于服务机器人直接和人打交道，因此实现人与机器人相互之间的互助和信息传递非常重要。这主要包括视觉和语音交互、力觉和触觉交互、多通道交互，以及新型人机交互，以便提供友好的用户界面，多层次、可选择的用户输入和方便的用户操作。Martin Hagele 等在机器人助手的有效合作与安全研究中，通过无线局域网建立人-机交互界面，由一个 3D 视频输出窗口、命令菜单输入窗口和符号地图现实窗口交互。

此外，由于操作者和服务机器人常有直接接触，加之某些服务机器人实际用户的应变能力差，因此系统的安全性是设计过程中要考虑的首要问题。

## 3.3　服务机器人控制系统

随着服务机器人关键技术的突破，它正在为人们提供越来越方便、越来越舒适的服务，服务机器人正成为一个新兴的快速发展的产业。当然，要想充分挖掘服务机器人的潜力，需要生产厂家及科研院所集中力量共同努力。未来服务机器人的成功将取决于社会对它的承认。从面向用户的观点来看，应让成熟的机器人技术走出实验室，重视服务机器人技术转让，采取渐进的方法了解用户的意见。结合当前的技术基础及现实环境，可以采取以下的开发思路：将各类服务机器人开发成系列产品，有功能简单、价格相对便宜产品；有功能较多、价格较贵的产品；有高智能化、价格高的产品。在低端产品市场运作较好的前提下，不断追加投资，开拓高端产品的市场，使产品获得较好的社会效益和经济效益。

为了提高机器人系统软件开发效率，需要开发一套基于模块化软件的普通机器人结构，还需要提高软件模块的可重用性和互用性（reusability and interoperability）。以往的服务机器人要满足不同用户的各种各样的需求，必须解决各种各样的复杂任务，于是就必然使机器人的制造陷入品种繁多但批量很小的局面,常规的机器人优化设计也代价高昂。为了解决这些问题,需要建立用户订制商品模型。这样,一些小公司就可以用他们特有的技术去提供机器人组件。通过劳动力的分散和服务机器人产业的标准化,促成专门的机器人集成商的出现。机器人中间件技术将是未来机器人产业化的关键技术。

开放式控制器就是标准化接口、模块化组件,可以容易地对其软、硬件进行修改、拓展。由于开发式控制器的应用,将使机器人易开发(算法、新技术)、易入门(拓展工业基础、低费用)和易集成(机器人、外围设备),机器人工业的结构将呈现出新变化。

动态可重组机器人的模块化结构是为了满足用户的多样性要求,将机器人的硬件和软件模块化。机器人的硬件模块统称为 Module-D,它们可以方便地连接到机器人系统上或被拆除。每一个 Module-D 的开发都是独立的,因为它的内部都有独立的微处理器和操作系统。机器人的软件的各个模块可以按照功能离散分布和重组。

机器人产业要有系统的、稳定地成长,就应该借鉴 PC 产业的成长经历。现在的机器人制造商都是各自为战,独立完成整个机器人系统,导致整个行业的效率低下。解决这一局面的方法就是实现机器人功能部件(包括硬件和软件)的模块化,并且每个模块都要标准化。这样,每个制造商可以专注于一个模块的开发、制造与销售,而系统集成商可以根据用户需求的功能从各个制造商那里购买模块,并将其集成到一起即可。模块的标准化包括:电气、机械、软件接口的规范统一。

可重构机器人的设计目的是为适应不同的功能需求,快速地重组配置出适应于执行任务的制造工具(即机器人)。这种快速地重组配置机器人的基本思想是基于即插即用组件技术。为了适应生产线上工作任务要求的快速变化,保证组件的互用性,必须采用混合模块设计方法(mixed-module design)。一些关键部件,如驱动器、手爪/夹具,可以在不同的机器人及设备上互换。

把一系列的零部件,如驱动关节、连杆、动力单元、软件模块等组装成适合特定任务要求的移动机器人。通过此方法,可以快速、高效地设计和制造移动机器人。执行任务不同,可以选择不同的配置。通过组合预制件模块,可以极大地减少开发时间,可重用的"标准化"模块也可以降低成本。

机器人零部件的模块化可以使研究人员"即插即用"已有的部件,而不是完全重新地去设计一个新的部件。建立标准的目标是人们可以像与一辆汽车打交道一样地与机器人打交道,或者至少是建立一个与机器人打交道的一般性的协议。

考虑到这些广泛、含糊的描述,有必要对一个模块组件给出下面定义:机器人的一个模块组件被描述为功能齐全的装置或子装配体,它能够独立地运转,很容易安装和进行电气连接,可与另外的模块组合成一个功能完备的可靠性系统。

整个机器人的设计问题可细分为直线机构、传感系统、传动装置和能源技术、计算机软硬件及通信的底层结构。在机器人模块化设计的细节上,我们需要关注模块间的接口,接口需要保持所有形式的连接,满足机械连接、能源需要、对等通信、数据资料的传输、与外界环境的连接等各种可能的功能。

模块化被用来描述满足动态变化的封装单元的用途。它的目标是满足不同功能的、具有独立性、标准化和可互换性的单元。模块化符合适应性和可变性的特点。

# 3.4　多服务机器人的控制

多机器人分散系统的结构和协作机制、信息交互、导航是多机器人分散系统的研究重点。

## 3.4.1　多机器人的体系结构

### 1. 系统体系结构

多机器人系统是由多个机器人组成的系统，它不是多个机器人简单的集合，而是多个机器人的有机组合。系统中的机器人不仅是一个独立的个体，更是系统中的一个成员。多机器人系统的体系结构是指系统中各个机器人之间在逻辑上和物理上的信息关系和控制关系，是多机器人系统的最高层部分（多机器人之间的合作机制就是通过它来体现的），它决定了多机器人系统在任务分解、分配、规划、决策及执行等过程中的运行机制及系统各机器人个体所担当的角色（如各机器人个体在系统中的相对地位如何，是平等自主的互惠互利式协作，还是有等级差别的统筹规划协调），是实现多机器人协作控制的基础，决定了系统的整体行为和整体能力。一般而言，多机器人系统的体系结构可分为集中式结构、分布式结构和混合式结构 3 种。

集中式结构如图 3-3（a）所示。在集中式结构中存在一个主控机器人（主控系统），该机器人具有系统活动的所有信息（包括任务信息、环境信息、受控机器人信息等），可以运用规划算法、优化算法，对任务进行分解与分配，可以向各个受控机器人发布命令、可以组合多个机器人协作完成任务，系统中的其他机器人只与主控机器人进行信息交换。集中式结构要求主控机器人具有较强的规划处理能力，具有控制简单、可能得到全局最优规划的特点。但在实际系统中，主控机器人不可能具有环境的完全信息，无法做出适当的决策，不能保证受控机器人快速响应外界环境的变化。同时，系统中的规划决策都由主控机器人来完成，当机器人系统中机器人的数量增加时，主控机器人的负担加重，存在着严重的瓶颈效应，而且主控机器人一旦失效，整个系统将陷入瘫痪，系统的可靠性、容错性较差。

分布式结构如图 3-3（b）所示。在分布式结构中，没有主控机器人，所有的机器人之间的关系都是平等的，每个机器人均能通过通信等手段与其他机器人进行信息交流，自主地进行决策。在分布式结构中，每个机器人都具备较高的智能水平，能够进行自主决策。因此，系统适应外界环境变化、完成复杂任务的能力较强，且系统的容错性、可靠性、并行性、可扩展性等均优于集中式结构的多机器人系统。但是，系统无全局规划能力，存在局部最优。

混合式结构如图 3-3（c）所示。它是一种融合了集中式结构和分布式结构优点的体系结构。在混合式结构中，存在一个主控机器人（或主控系统），它具有系统的全部信息，并能够进行全局规划与决策。系统中的其他机器人既能与主控机器人进行信息交换，又能与其他的机器人进行信息交换，虽然不具有系统的全部信息，却具有进行局部规划和决策的能力。一般情况下，机器人系统的规划和决策由各个机器人自主来完成，只有特殊条件下，才由主控机器人进行全局的规划与决策。因此，混合式结构融合了集中式结构和分布式结构的优点，具有更强的活力，适用于动态的、复杂的环境。但是，混合式结构的控制系统复杂，实现时难度高。

合理的体系结构能够极大地提高系统的运行效率和运行速度。因此，在进行系统设计时，系统的体系结构要有利于个体能力最大程度地发挥，以及任务的高效完成。

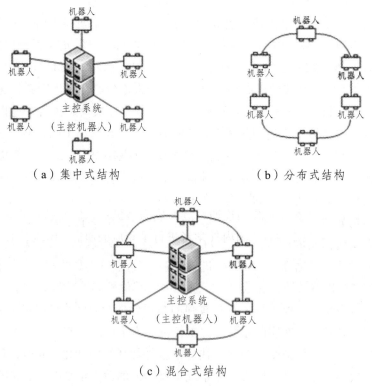

（a）集中式结构　　　　　　　　　（b）分布式结构

（c）混合式结构

图 3-3　多机器人系统的体系结构

## 2. 单机控制结构

多机器人协调系统中单个移动机器人的控制体系结构主要可以分以下 3 种。

基于功能（functional）分解的递阶分层控制结构是以符号表达和知识搜索、逻辑推理为基础的。它强调建立环境的完整模型，遵循的是一条从感知、建模、动作到规划的串行功能分解控制路线，是典型的自上而下的结构方式，适于完成用户明确描述的特定任务，最大的缺点是不能对环境变化及时响应。

基于行为（behavioral）的移动机器人控制结构首先出现于 Brooks 的包容结构，是一种自底而上的控制结构，用行为封装了机器人控制中应具备的感知、探索、避障、规划和执行任务等能力，各行为是由传感器到驱动器的局部映射，而系统的全局目标任务通过各行为之间的相互作用实现。它具有很强的实时性和健壮性，但由于各行为之间存在冲突，当任务复杂、系统的行为数大量增加时，行为协调极其困难而导致系统整体行为的不可预测。

混合（hybrid）结构是综合和集成了上述两种结构的三层控制结构，最底层是反应式的行为控制系统，而最上层是基于符号的建模和规划系统，中间层在不同的系统中有不同的定义，主要可分成两类：一是定义为序列层，负责将来自上层的任务队列转化成下层可接受的输入；二是定义为路径规划器。混合结构不仅具有解决复杂问题的能力还有实时响应的能力，但反应层和规划层的结合机制仍是个有待于深入研究的问题。

### 3.4.2　多机器人的通信

多机器人系统在民用、军事和航空领域均有着非常广阔的应用前景，由于其分布式的特点，可以提高任务完成的效率，并可以完成许多单机器人不能胜任的任务。将传感器网络引入多机器人系统是近年来的一个重要研究趋势。无线传感器网络使得多机器人系统具有更强的感知能力和信息传输交互能力。在多机器人系统中保持通信连通是非常重要的，很多应用场景中，保证多机器人处于连通状态是上层应用成为可能的先决条件。

许多研究表明，即使少量的数据通信也可以在特定任务中显著提高多机器人的性能。近年来，保持多机器人系统的连通性逐渐成为多机器人研究领域中的热点问题。为了确保多机器人系统的连通性，国内外学者进行了相应的研究。国内外对多机器人连通性的研究不仅集中在保持通信连通方面，而且也针对无线传感器网络环境下非连通的多机器人系统如何建立连通。在研究无线传感器网络环境下多机器人系统如何建立连通性的算法的基础上，解决了初始状态不连通的多机器人系统通过无线传感器网络建立连通关系，最后形成直接连通的多机器人网络。

研究结果表明，可以在由机器人节点和无线传感器网络节点组成的环境中快速计算出机器人连通子网，通过改进优化（一般为 Dijkstra）算法，高效计算出不同连通子网间的最短路径，并将最短路径中的无线传感器网络节点设置为虚拟领导者，诱导不同机器人子网相互靠近，最终可以形成直接连通的机器人网络，为下一步研究多机器人协作控制提供必要的通信保证。

通信是机器人获取协作信息的主要手段之一。从广义上理解，通信是指机器人之间的交互方式，通过这种交互，多机器人系统中的每一个机器人可以了解系统中其他机器人的意图、目标、动作，以及当前环境的状态信息等，并依据这些信息，与其他机器人进行有交互的协商，协作完成给定任务。

在多机器人协调协作系统中，机器人之间的通信方式可以分为显式通信和隐式通信两类。机器人之间直接进行信息交流的通信方式称为显式通信，机器人通过环境来获取系统中其他机器人的信息的通信方式称为隐式通信。隐式通信方式又可以分为主动隐式通信和被动隐式通信。被动隐式通信是指在无显式通信的多机器人系统中，机器人使用传感器被动地感知环境的变化，并依据机器人内部的推理，理解模型来获取其他机器人的距离、方位等信息，并根据这些信息进行相应的决策与协作，是一种基于传感器信息的通信方式。主动隐式通信是指在多机器人系统中，各个机器人可以通过某种方式在环境中留下某些特定的信息进行信息传递，机器人通过感知系统获取外界环境信息的同时，也可能获取其他机器人遗留在环境中的某些特定信息。

采用显式通信，机器人可以获取其他机器人的准确信息，但是，当机器人的数量增加时，系统的通信负担急剧增加，可能导致系统的运行效率降低，严重时出现系统工作不正常甚至系统瘫痪。采用隐式通信，虽然机器人获取的信息不完全可靠，但是机器人系统的可靠性、容错性、稳定性等性能均优于采用显式通信的系统。因此，对于多机器人协作系统的通信问题，既要研究适合于多机器人系统实时性要求的通信协议、通信方式、网络拓扑结构等，又要利用智能机器人具有的对周围环境的感知和推理能力，研究机器人系统能够基于对合作伙伴行为的推理机制，获取合作伙伴的相关信息的通信控制策略，使机器人在没有显式通信，或者显式通信中断时，仍能完成给定的任务。

根据通信方式的不同，又分为三种体系结构。

一是系统的各智能体间没有精确的通信或相互作用，仅仅是在共享环境（实际上是共享内存）的基础上以环境为媒体作最简单、最有限的相互作用。

二是基于传感器信息的智能体间相互作用，也就是，智能体间同样地没有精确的通信，而是通过传感器的相互检测获取对方信息，产生局部的相互反应，它要求智能体能识别其他个体，并区别于环境中的其他物体。这种方法多用于诸如群集（flocking）、图式形成（pattern formation）的集体行为。

三是智能体间存在精确通信，用点对点、公告或广播的形式传递信息。这种通信结构类似于网络，因此，涉及许多标准的网络问题，如网络拓扑结构和通信协议的设计等。

### 3.4.3　多机器人学习

一般而言，多机器人系统工作在动态、复杂的外界环境之中，由于环境的动态性和不确定性、机器人之间通信的局限性及机器人决策具有的随机性等原因，想通过人为设计和优化的方法使机器人具备解决所有问题的能力是不现实的。如何使机器人系统具有依据实际情况选择适当的决策的能力，是多机器人控制的一个关键问题。利用机器学习的特征，使机器人具有学习能力是多机器人系统解决这类问题的一种有效手段。机器人通过学习可以获得更强的适应性、灵活性等智能特性。

在多机器人系统中,对于个体机器人,学习可以提高个体解决问题的能力,对于多机器人系统,学习有助于改善个体之间的一致性和协调性,提高机器人系统的整体性能。

机器学习主要包括 3 类重要的学习方法:基于符号的方法,如变形空间搜索算法、ID3(Iterative Dichotomiser3)决策树(Decision Trees)归纳算法等;连接主义的方法,如人工神经网络算法 ANN(Artifi cial Neural Networks)等;遗传或进化的方法,如遗传算法 GA(Genetic Algorithm)等。这些机器学习方法来源于不同的科学依据,使用不同的计算方法,依赖不同的演化模式,使用不同的数据和表示方法,具有不同的输入输出格式。

感知是机器人获取环境信息的另一种方式,是机器人与环境的局部的、主动的交互,通过交互获取环境的局部信息。

一般而言,智能机器人的感知问题主要包括"感觉"和"知识理解"两个方面的内容。"感觉"是指机器人通过自身配备的多种不同功能的传感器来感觉外部环境,获取与机器人决策有关的局部环境信息。"感觉"研究的主要方向是如何实现更灵敏、快速、小型的传感器系统。"知识理解"是指机器人通过信息事例、处理、解释等,理解机器人获取的各种信息的真实意义,并将其与机器人的决策与控制紧密地结合起来。"知识理解"研究的主要内容是如何更有效地融合、处理机器人获取的局部环境信息,得到更加准确的、真实的、全面的环境信息,为机器人的决策和控制提供可靠的信息基础。在多机器人系统中,各个机器人可以配备不同的传感器系统,感知不同的环境信息,系统中的某个机器人可以利用其他机器人的传感器信息来弥补自身感知能力的不足,通过"合作感知"的策略来实现资源共享,优化系统结构,提高系统的运行效率。

感知与通信一样,是协作机器人系统动态运行的关键因素,对协作机器人系统具有重要的作用。通过感知可以实时地获取环境的各种信息,使机器人系统能够快速响应环境的变化。通过感知可以获取协作机器人的意图、动作效果,可以降低系统对通信的依赖,减轻机器人系统的通信负担,可实现机器人系统的无显式通信的协作。通过感知可以更新和维护机器人系统的系统模型,如对机器人的学习效果进行检验。

### 3.4.4　多机器人的协调

#### 1. 多机器人协调的概念

在多机器人系统中,协调是指多个机器人在完成一些集体活动时相互作用的性质,是对环境的适应。由于环境的动态变化性、机器人拥有知识的不完备性、不一致性、不兼容性和不可公度性,以及系统资源的共享性和有限性,机器人与环境之间、机器人与机器人之间可能产生许多冲突,导致系统不能正常有序地运行。因此,多个机器人之间需要相互协调,避免冲突的产生。当单个机器人不能完成某项任务(如大型的搬运作业等),就需要多个机器人通过协作来完成该项任务。多机器人的协作主要包括两个方面的内容：机器人之间的"合作（cooperation）"和机器人之间的"协调（coordination）"。机器人的合作解决的主要问题是如何组织多个机器人共同完成任务，是高层的组织与决策机制问题；机器人的协调解决的主要问题是如何保持或实现多机器人之间在执行任务的过程中动作的协调一致，是机器人之间合作关系确定后具体的动作控制问题。

对多机器人之间的协作，现在还没有一个统一的定义。总体上来讲，协作反映了多机器人系统在不同的层次上对系统控制与交互提出的不同要求。W. A. Rausch 等在研究中提出多机器人系统不同层次上的协作问题，如图 3-4 所示。

（1）隐式协作：机器人按照自有的规划模型推测其他机器人的规划而产生的协作。

（2）异步协作：多个机器人在同一环境，存在相互间干涉的条件下为完成各自目标而产生的协作。

（3）同步协作：多个机器人为完成一个共同的目标而产生的协作。

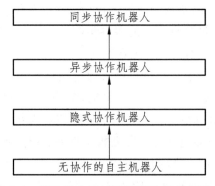

图 3-4　多机器人系统不同层次的协调协作

多机器人协调协作控制技术主要研究多机器人系统的体系结构、通信、感知、合作决策、协调控制、机器人学习等内容。对多机器人协作协调控制技术进行研究，可为多机器人协作协调控制系统的开发提供指导，是当前机器人领域研究的热门课题之一。

**2. 优势和面临的新问题**

所谓多机器人协调是设计者给定一些任务，多机器人系统在事先设计的协调原理的基础上展示出协调的行为，以提高整个系统的效用。

一个相互协调的多机器人系统有着单个机器人系统所无法比拟的优势：

（1）相互协调的 $n$ 个机器人系统的能力可以远大于一个单机器人系统的 $n$ 倍，多机器人系统还可以实现单机器人系统无法实现的复杂任务。

（2）当环境或任务极其复杂，需要机器人具有多种能力，而设计这种集所有能力于一体的单机器人成为不可能时，多机器人系统是最佳解决方案。

（3）设计和制造多个简单机器人比单个复杂机器人更容易、成本更低。

（4）使用多机器人系统可以大大节约时间，提高效率。

（5）多机器人系统的平行性和冗余性可以提高系统的柔性、健壮性和容错性。

然而，多机器人系统也面临单机器人系统所不存在的问题：

（1）如何在各智能体间表达、描述问题，分解和分配任务。

（2）如何使智能体间相互通信和相互作用。

（3）如何保证各智能体行为协调一致。

（4）智能体间如何识别和解决冲突等。

多机器人协调系统涉及社会科学（组织理论、经济学）、生命科学（理论生物学、动物行为学）和认识科学（心理学、信息理论、人工智能）等学科的理论和关键技术。

多机器人的协调协作是指多个机器人在完成一些集体活动时相互合作的性质。多个机器人通过协调协作，可以完成单机器人难以完成的复杂作业；可以提高机器人系统在作业过程中的效率；可以增强机器人系统的环境适应能力；还可使多机器人系统解决更多的实际问题，拓宽应用的途径。多机器人的协调协作是机器人技术发展的一种趋势，也是实际应用迫切要求的结果。随着机器人技术的不断发展，机器人的协调协作成为机器人领域研究的热门课题之一。

### 3. 多机器人协调协作控制技术研究的基本问题

多机器人协调协作要解决的主要问题是如何充分发挥多机器人系统中各个机器人的能力，以求根据环境与任务的变化，系统能够灵活、快速、高效地组织多个机器人完成给定的任务。其研究的基本问题主要有：多机器人系统的体系结构、机器人之间的通信、机器人的感知、合作决策机制、协调控制和学习等。

多机器人合作主要研究在给定一组任务、一组机器人和相关环境的前提下，如何优化配置系统资源，进行任务的分解、分配，产生一个联合行动规划，即多机器人系统的高层的组织与决策机制问题。

协作多机器人基本的合作决策方法主要有 3 种：全局规划（集中规划）、自由协商、隐式合作。

全局规划是一种自顶向下的方法，在主控机器人（主控系统）上一次完成任务的分解和规划计算，将复杂的任务分解成机器人可以执行的动作命令，产生联合行动规划，对合作型任务，则形成一种合作规划。因此，要求主控机器人具有系统中所有机器人的信息、任务的信息，以及环境的信息。

自由协商是指在分布式结构中，当一个机器人不能独立完成任务时，就需要请求机器人与之协作。通过与其他机器人进行信息交换、性能评估，最终形成联合行动规划以实现协作完成任务的合作规划方法。Davis 和 Smith 在 20 世纪 80 年代对子问题分配提出了著名的合同网协商模型。它类似于市场上的招标、投标、中标的机制，通过协商达成协议并签订合同。

在无通信的多机器人系统中，机器人可以通过自己掌握的领域知识、多机器人共同的目标以及获取的环境信息，通过换位推理获取其他机器人的当前意图，并以此为依据，单独建立机器人之间的合作关系，确定机器人的下一步动作，实现机器人之间的合作，这种合作方法称为隐式合作。在这种协作中，由于机器人之间没有达成合作协议，也就没有明确的合作关系，合作任务的完成与机器人所掌握的领域知识、在特定的环境下多机器人能够达成的共识相关，因此存在着一定的风险。

机器人的协调控制是多机器人系统研究的另一个重要的问题，是多机器人控制中普遍存在的问题，主要解决以下两个方面的问题：第一，在执行合作型任务过程中，如何保持机器人相互之间动作的协调一致；第二，在系统运行过程中，如何预防和消除冲突或死锁、当冲突或死锁发生后如何采取有效的措施解除冲突或死锁。在多机器人系统中，由于外界环境的动态变化，以及系统资源的有限性和共享性，机器人在完成各自目标的过程中无法避免地产生冲突或死锁，而且这些冲突和死锁的发生通常是不确定的。因此，必须采取有效措施加以预防、消除，从而确保机器人系统有序地运行。对于动态冲突的消除方法主要有：

（1）磋商法：发生冲突的机器人之间通过通信进行磋商，共同研究存在的问题，提出各自的修改计划，使各个机器人都能满足目标要求。

（2）惯例法：系统中的每一个机器人都拥有一些惯例准则，当冲突发生时，各个机器人根据惯例来解除冲突。

（3）熟人模型法：一个机器人拥有系统中其他机器人的模型，运行时通过感知了解其他机器人的意图、行为，基于模型和知识来推测它们的规划和目标，从而避免各自行为的冲突。

在多机器人协调与协作控制中，传统的方法主要是采用集中式（centralized）控制方式来控制机器人之间的协调运动，这种控制的特点是集中规则和集中式数据共享，适用于机器人数量较少时的协调控制，当机器人的数量增加时由于计算负担过重将使系统效率降低而很难应用。现在采用的主要方法是基于多智能体概念的多智能体技术，这种控制方法具有灵活性、适应性、健壮性、可靠性，以及较高的问题求解效率等特点，能够更好地满足多机器人协调协作控制的要求。

### 4. 多机器人协调协作控制技术的实现

在传统的多机器人系统中，通常采用分层和集中的结构，通过从上至下的一个过程来规划和制定系统决策，实现多机器人系统的协调协作。这种集中式控制系统存在许多致命的缺点。20 世纪 80 年代末，受到分布式人工智能 DAI（Distributed Artificial Intelligence）、多智能体系统 MAS（Multi-Agent System）研究的启发，一些学者针对集中式控制的不足，提出了分散化和分布式的多机器人系统合作组织策略、方法和协调机制。使多智能体技术在多机器人系统协调协作控制中得到了广泛的应用。

多智能体技术是一种抽象层次较高的普遍理论，其核心是把一个复杂的大系统分成若干智能、自治的子系统，它们在物理和地理上分散，可独立地执行任务，同时又可通过通信交换信息，相互协调，从而共同完成整体任务。

在分布式控制系统中，智能体（Agent）被认为是一个物理或抽象的实体，它能作用于自身和环境，并能对环境的变化做出反应。智能体的典型特性有自治性、反应性、社会性等。多智能体系统是由不同的单个智能体为完成某一特定任务而组成的集合，单个智能体处在多智能体系统的环境中，每个智能体可以具有不同的特性功能，在完成某一共同目标的过程中扮演不同角色，相互协作。其中智能体的协作关系是通过系统的自组织形成的，系统功能不是单个智能体功能的简单和。

在多机器人系统中，每个机器人可当作一个智能体，具有一定的自治性、反应性、社会性等，采用多智能体技术可以实现动态环境下多机器人之间的协调协作控制。

多机器人之间的协调与协作控制是多机器人系统研究的核心问题之一，主要研究一组机器人的知识、目标与规划的协调，如何联合起来采取行动，完成给定的任务，并对多机器人协作协调控制技术研究的基本问题进行深入的阐述，旨在为多机器人协作协调控制系统的开发提供指导。

### 5. 多移动机器人协调系统涉及的若干问题和相关技术

1）学习和再励学习

传统的机器人研究是建立在工作环境的精确的先验知识基础上的，存在着知识获取、工程实现和精确性等问题，适应能力很差。当机器人在未知环境下工作时，就需要注重机器人的自适应性，需要机器人能"学习"。机器人依靠与环境的不断交互来获取知识，通过反复调整环境模型和自身的模型，最终学会在未知环境下运行。多机器人协调系统是一个极其复杂的非线性动态系统，不可能具有完备的先验知识，而必须依赖其自学习和自适应能力，通过自学习和再励学习建模，动态调整控制参数，优化系统性能，适应环境变化。有不少文献对多机器人协调系统的自学习和再励学习做了研究，并提出了一些学习算法。大致可分为 4 类：个体再励学习、群体再励学习、基于遗传算法的学习算法和基于模糊神经元的学习算法。基于进化算法和遗传算法的再励学习算法已被较多开发，它解决了个体再励学习的收敛性问题和群体再励学习的样本复杂性问题，而基于模糊逻辑、神经网络或模糊神经元学习算法的研究在近几年正引起极大关注。

2）资源冲突问题

当某资源被多个机器人请求使用时就产生了资源冲突，资源冲突主要发生在共享空间、共同操作的对象和通信媒体的冲突上。对于多移动机器人来说，研究重点是空间冲突问题，也就是避撞轨迹规划问题。

关于多移动机器人避撞轨迹规划的文章国内外已有不少，也提出了一些典型的方法。最直接的方法是集中行为控制法（centralized motion control），由中央规划器集中规划所有机器人的无碰撞路径。这种方法在实际应用中无法适应环境的变化。因此，人们更关注非集中控制式的轨迹规划方法。主从控制式（Master-slave control）是在冲突状态下，选择一个主控机器人，由它向其他机器人发出行动指令，多用于分散式控制结构系统。交通规则方法（traffic rules）主要用于将环境建模成交通道路网式的系统中。相互排斥法（mutual exclusion）也是将工作区域分解成交通网式的离散空间资源，如通道、十字路口等，机器人按事先规划的路径移动、相互通信，并按相互排斥的原则共享空间，从而协调其行为。动态优先级法是当机器人检测到碰撞时，根据优化结果动态分配优先级，优先级高的机器人不考虑避撞，而优先级低的机器人将高优先级的机器人当作移动障碍物采取避撞措施。这些方法的共同缺点是没有为系统提供修正路径的可能性，而当突然遇障或一个机器人突然失效时，修正路径极其重要。因此，人们提出基于传感器信息和机器学习的轨迹规划方法，使得系统具有较高的柔性和健壮性。

3）编队行进问题

编队行进问题是要求机器人团队在完成任务的过程中保持有利队形的一种控制问题。此研究的灵感源于对动物群居生活的研究。自然界中，动物以编队行进的方式猎食的现象普遍存在，这使它们更适于生存和繁衍。应用于多机器人系统中，可以从编队行进中获得同样的效益。该方式多用于完成搜索、营救等任务。编队行进要求机器人个体既要保留在群体中，又要与其他个体保持一定的距离和形状。在编队过程中，须有一个参考点，不同机器人位于参考点的不同相对位置，这样就形成了一定的队形。参考点的选取方法常有两种：以其中一个机器人为领队作为参考点和以机器人编队的平均坐标为参考点。前者在运动过程中被打乱的时间较短而后者队形被改变的幅度较小。

4）协调理论问题

尽管多机器人协调系统从兴起至今发展极为迅速，也提出了许多相互合作的协调方法，但对其协调机制缺乏一个系统的理论体系指导。部分文献借用了尚在发展中的分布式人工智能领域的多智能体理论。

5）若干相关技术

多机器人协调系统的研究尽管发展非常迅速，毕竟是一个新兴研究课题，尚有许多待解决的理论和技术问题。

（1）计算机视觉技术。对自然界的生物来说，通过视觉获取的信息可以说是最为丰富的。同样，对多机器人协调系统，视觉用于环境建模和各机器人间的建模，可以降低对通信的要求。已有一些文献提出基于视觉的多机器人协调系统。

（2）语音识别和语音控制技术。随着服务业机器人被列为研究开发对象，作为其基本能力之一的语音识别和语音控制技术成为迫切要解决的问题。而迄今为止，机器人对语音的识别能力仅限于在样本数据反复训练的前提下对少数词汇的理解，这样的能力远远达不到要求。语音识别和语音控制技术的发展将一方面提高单机器人的能力，一方面应用于多机器人系统解决通信问题，提高协调能力。

（3）传感器技术和多传感器信息融合技术。由于目前传感器及其信息处理技术的落后，传感器技术成为多机器人协调系统的发展瓶颈。许多系统在仿真环境下取得很好的效果，而在实物平台上验证时常因传感器技术的限制而得不到理想结果。多传感器信息融合技术也是一个新兴的研究热点，它的发展将大大促进机器人技术的发展。

（4）分布式控制技术。分布式控制结构综合了集中式和分散式控制结构的优点，分布式控制系统将是多机器人协调系统的主流控制方式，因此，发展和完善分布式控制技术十分重要。

# 3.5　服务机器人远程控制

服务机器人远程控制在空间探索、深海勘探和危险环境作业等领域具有不可替代的作用。互联网的飞速发展和普及，以及传输速度的不断提高为机器人远程控制提供了廉价而便捷的通信手段。基于网络的机器人远程控制进一步拓展了其应用范围，在远程医疗、设备共享和远程教学等方面显示了其优越性。

## 3.5.1　远程控制的研究现状

基于网络的机器人的思想是由美国南加州大学 Ken Goldberg 于 1994 年首先提出的。其最初的构想是给公众提供可通过 Internet 访问的遥控机器人，让多个用户对其进行远程操作。他们建立了第一个基于 web 浏览器的网络控制机器人系统。操作者通过 web 浏览器登录到加州大学的 Mercury Project 主页，使用鼠标与键盘控制一台 SCARA 机器人在半圆形的沙堆中进行物品挖掘。同期，西澳大利亚大学的 Kenneth Taylor 也发布了一个可通过 Internet 访问，基于 web 的具有 6 个自由度的遥操作机械手臂。机器人可以根据远程用户发出的控制请求，来控制机械手搬运和搭建积木。

继上述应用之后，越来越多的科学家和研究机构投入到基于网络的机器人技术的研发工作中。英国 Bradford 大学工业技术系于 1996 年研制了可以通过 Internet 进行控制的天文望远镜。用户可以在线控制望远镜的角度和焦距，并将观测结果通过 E-mail 发送给用户。美国 WilkeS 大学的 M.R.Stein 也成功实现了将一台用于画图的 PUMA760 机器人与 Internet 连接，使用户可以在线画图。

基于 Web 的遥操作机器人系统现在被更多地应用在自主式移动机器人领域，它所具有的自主性和移动性的特点将在更大程度上满足人们对远程空间探索的要求。1998年，Carnegie Mellon 大学研发的 Xaiver 是第一个可通过网络进行控制的自主移动机器人。在此项研究中，通过 Internet 可以控制移动机器人在楼内各个房间运动，完成传送文件的任务。

在目前众多的控制领域中，远程控制已经成为一种重要而便利的控制技术。互联网技术的迅速发展使社会经济结构和人们的生活方式发生了巨大的变化，同时也给新世纪的机器人研究和开发带来新的方向。到目前为止，互联网传输的信息只是人类视觉和听觉可以感知的文字、图像、声音等信息。如果把人类的动作行为转化为数字信号进行传输，互联网将成为人类动作行为的载体，从而可实现人类操作功能的延伸。

近几年，服务机器人远程控制日益受到人们的重视。互联网与服务机器人的合成，为控制系统提出了一个新的思路。如网络医疗就是一个充满希望的发展领域。建立基于互联网的机器人远程控制平台，不仅可以使操作人员离开具有危险性的操作环境，避免造成人身伤害，同时还可顺应机器人所面临的日益复杂的应用环境，如星际考察、水下作业和活火山探测等极限工作。现在只要连上因特网并被授权，就可以控制远端的服务机器人来完成一定的任务。近年来，基于 Internet 的机器人远程控制得到了极大的发展并受到广泛的关注。1994 年，KenGoldberg 与 MiCheal MaSha 将一个简单的二连杆装置连入 Internet，开创了网络机器人的新时代。随后众多机器人控制网站开通，形成了网络机器人控制的高潮。这些机器人远程控制系统一般是基于 Internet 的，比较著名的有澳大利亚的远程机器人、美国的 Telegarden 等。这种基于 Internet 的机器人控制提供了简单易用的控制界面，访问者只需要通过浏览器上网，利用鼠标点击，即可轻松地控制机器人。现在普通大众也可以很容易地控制机器人来完成作业了，这对机器人的普及宣传起了很大的推动作用，也开辟了机器人远程控制的新理念。机器人远程控制有着广阔的应用前景。它可应用于太空探险、水下作业、危险地带作业、网络医疗等重要领域。在太空探险领域，美国的火星登陆车是一个成功的应用，而且就目前来讲无人探险器仍是太空探险的主要设备。1984 年，从匹兹堡到底特律的网络手术演示实验取得了成功，引起了巨大轰动，网络医疗成为备受关注的行业。从目前来看，服务机器人远程控制越来越显示出它的应用价值，它已被应用到远程教育、医疗卫生、网上娱乐等日常领域。相信随着机器人技术和互联网技术的发展和机器人使用的普及化，服务机器人远程控制必将得到更加广泛的应用。

尽管我国在服务机器人远程控制领域与国外相比起步较晚，但全国各个高校和科研机构已经开展了这方面的研究工作，并取得了一定的成绩。清华大学开发的基于视觉临场感的机器人远程控制系统，既可通过人机交互协调控制实现对机器人的监控和远程控制，又允许机器人基于传感器对高层控制规划进行修正，实现局部自主行为控制；中科院沈阳自动化研究所研制了主从异构的监控远程控制系统；哈尔滨工业大学开发了空间机器人共享系统；北京航空航天大学开发了基于 Internet 的远程控制系统；南开大学开发了基于互联网主从式远程控制平台；上海交通大学开发了基于 web 的机器人远程控制系统；国防科技大学研制了基于 VR 技术的监控式大时延机器人系统；华南理工大学开发了基于国际互联网的机器人实时跟踪系统；东南大学开发了力觉临场感远程控制系统，等等。

据中国海军总医院报告,这家医院医用机器人在手术室成功地为患者实施脑外科手术,而对机器人发出命令的专家却在千米之遥的另一座大楼指挥手术的每一个步骤。这是中国首次成功利用机器人进行远程脑外科手术。这例手术使用的是中国海军总医院和北京航空航天大学共同开发的远程控制医用机器人系统,利用互联网和机器人为患者实施手术,在中国尚属首次。远程手术实施前,医学专家通过电脑网络接收从手术室里传输过来的图文信息,分析病人 CT 影像,然后做出手术规划。接下来,再用鼠标遥控远在手术室的机器人实施手术。机器人根据专家指令,自动搜索手术部位,并迅速锁定穿刺路径,完成摄取病变组织工作。

### 3.5.2　机器人运动学基础

服务机器人的执行机构是应用在复杂作业环境空间中的综合体。而且,通常情况下,它本身也必须保证作为一个统一的整体在工作过程中运动。因此,需要一种简便灵活的数学方法,用来描述单一刚体的位移、速度和加速度等参数,以便很好地解决服务机器人在运动学上的问题。而这种数学方法不一定是统一形式的,不同的研究者可能会采用不同的方法。本书所采用的是矩阵法,用以描述服务机器人的运动学和动力学问题。基于矩阵的数学描述法的基本思想是将矩阵的运算与服务机器人的运动、变换和映射结合起来,利用四阶的方阵实现三维空间中点的齐次坐标转换。

在研究服务机器人运动的过程中,不仅需要考虑机器人本身的运动,而且要考虑工作环境中各个作业之间,以及作业与服务机器人之间的关系。这些关系的表示相对比较复杂,将采用齐次坐标及其矩阵变换来表示。因为齐次坐标的矩阵变换数学建模能力比较突出,它不但可以表示机器人的运动学问题,而且能够表达服务机器人的控制算法、计算机图形学和计算机视觉等问题,所以,研究者特别青睐这种数学表示方法。

#### 1. 服务机器人的位置描述和坐标变换

首先需要建立一个空间坐标系,用以描述空间中点的位置。接着,在该坐标空间中,使用一个 $3 \times 1$ 的位置向量来确定空间内的任意一个点,该向量被称为"位置矢量"。在确定了物体的位置之后,还需要将物体的姿态表示出来。同样的,使用一个 $3 \times 3$ 矩阵来表示物体的姿态,该矩阵处于固接在对应物体的坐标系中。另外,还需要依据约束条件给出机器人的旋转变换矩阵,该矩阵表示以对应坐标轴进行旋转 $\theta$ 角的变换。物体在坐标空间中的位姿(位置与姿态)可以由以上给出的位置矢量和姿态矩阵共同来表示。

#### 1)位置的描述

如果给定了空间坐标系,则该空间内点的位置就可以由一个三维的矢量来描述。例如:给定直角坐标系 $\{A\}$,该空间中点 $q$ 的位置可用一个 $3 \times 1$ 的列向量 $_Aq$ 表示。

$$_A\boldsymbol{q} = \begin{bmatrix} q_x \\ q_y \\ q_z \end{bmatrix} \tag{3.1}$$

式（3.1）中，左下标 $A$ 代表点 $q$ 所处的参考坐标系为 $\{A\}$。$q_x$，$q_y$，$q_z$ 分别表示点 $q$ 在 $\{A\}$ 中的 3 个坐标分量值。则将 $_A\boldsymbol{q}$ 称为点 $q$ 的位置矢量（见图 3-5）。

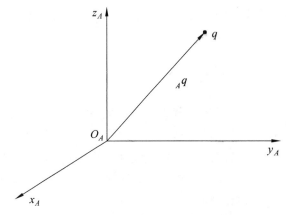

图 3-5  点的位置表示示意图

2）方位的描述

要全面研究服务机器人的操作与运动，既需要知道空间中物体点的位置，又需要了解代表物体方位（orientation）的矩阵。通常情况下，使用固接在物体上的坐标系来描述物体的具体方位。假设，在规定的空间中有一个刚体 $G$，再设定一个直角坐标系 $\{G\}$ 与该刚体相固接。

使用坐标系 $\{G\}$ 的三个单位向量 $\boldsymbol{x}_G$，$\boldsymbol{y}_G$，$\boldsymbol{z}_G$ 相对于参考坐标系 $\{A\}$ 的位置来表示刚体 $G$ 的方位，如下所示：

$$_G^A\boldsymbol{R} = \begin{bmatrix} _A\boldsymbol{x}_G & _A\boldsymbol{y}_G & _A\boldsymbol{z}_G \end{bmatrix} = \begin{bmatrix} r_{11} & r_{12} & r_{13} \\ r_{21} & r_{22} & r_{23} \\ r_{31} & r_{32} & r_{33} \end{bmatrix} \tag{3.2}$$

式（3.2）中，$_G^A\boldsymbol{R}$ 称为旋转矩阵。$_G^A\boldsymbol{R}$ 有 9 个参数，它们分别表示了矢量 $\boldsymbol{x}_G$，$\boldsymbol{y}_G$，$\boldsymbol{z}_G$ 对应于 $\{A\}$ 中坐标轴的方向余弦值。

可以证明，旋转矩阵 $_G^A\boldsymbol{R}$ 是一个单位正交矩阵。并且能够满足如下条件：

$$_G^A\boldsymbol{R}^{-1} = {_G^A}\boldsymbol{R}^{\mathrm{T}}, \quad \left| {_G^A}\boldsymbol{R} \right| = 1 \tag{3.3}$$

进一步可得，刚体相对参考系的 $x$ 轴、$y$ 轴或 $z$ 轴，做 $\omega$ 角度的旋转变换，其对应的旋转变换可以描述为如下形式：

$$\boldsymbol{R}(x,\omega) = \begin{bmatrix} 1 & 0 & 0 \\ 0 & c\omega & -s\omega \\ 0 & s\omega & c\omega \end{bmatrix} \tag{3.4}$$

$$\boldsymbol{R}(y,\omega) = \begin{bmatrix} c\omega & 0 & s\omega \\ 0 & 1 & 0 \\ -s\omega & 0 & c\omega \end{bmatrix} \tag{3.5}$$

$$\boldsymbol{R}(z,\omega) = \begin{bmatrix} c\omega & -s\omega & 0 \\ s\omega & c\omega & 0 \\ 0 & 0 & 1 \end{bmatrix} \tag{3.6}$$

在式（3.4）～（3.6）中，$s$ 代表 $\sin$，$c$ 代表 $\cos$。

如图 3-6 所示，$G$ 代表物体；$\{G\}$ 表示与物体对应的坐标系，并且能够进行以坐标系 $\{A\}$ 为参考的旋转运动。

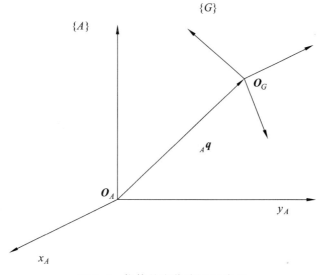

图 3-6　物体的方位表示示意图

3）位姿的描述

在确定了物体的方位与位置之后，就能够考虑描述物体在坐标空间中的位姿（位置和姿态）。同样的，在表示物体 $G$ 的位姿之前，首先需要将物体 $G$ 放在与其相对应的坐标系 $\{G\}$ 中，并且，一般将物体 $G$ 的质心作为 $\{G\}$ 的坐标原点。

坐标系 $\{G\}$ 原点的位置由位置矢量 $_{A}\boldsymbol{q}_{G_o}$ 标示，坐标系 $\{G\}$ 坐标轴的方位由旋转矩阵 $_{G}^{A}\boldsymbol{R}$ 来表示。所以，使用坐标系 $\{G\}$ 来描述刚体 $G$ 的位姿，其计算公式如下：

$$\{G\} = \left\{ _{G}^{A}\boldsymbol{R} \quad _{A}\boldsymbol{q}_{G_o} \right\} \tag{3.7}$$

上式中，若位姿 $\{G\}$ 仅仅表示刚体的位置，则旋转矩阵 ${}_G^A\boldsymbol{R} = \boldsymbol{I}$ (单位矩阵)。

同理，若位姿 $\{G\}$ 仅仅表示刚体的方位，式（3.7）中的位置矢量 ${}_A\boldsymbol{q}_{G_o} = \boldsymbol{o}$。

4）服务机器人的坐标变换

要知道，空间中的点 $q$ 在不同坐标系中有不同的位姿参数。需要找到一种数学模型，来描述点 $q$ 从一个坐标系到另一个坐标系的变换关系。

在通常的情形下，坐标系 $\{G\}$ 与参考系 $\{A\}$ 的原点不会在同一位置，它们的方位也不会相同。

因此，使用位置矢量 ${}_A\boldsymbol{q}_{G_o}$ 和旋转矩阵 ${}_G^A\boldsymbol{R}$ 来共同描述 $\{G\}$ 相对于 $\{A\}$ 的位姿。

如下图 3-7 所示。

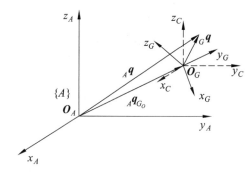

图 3-7　空间中物体复合变换的示意图

在空间中，一般都同时存在着物体的平移变换和旋转变换。点 $q$ 在 $\{A\}$ 和 $\{G\}$ 中的位置分别由 ${}_A\boldsymbol{q}$ 和 ${}_G\boldsymbol{q}$ 来描述，它们具有如下关系：

$$_A\boldsymbol{q} = {}_G^A\boldsymbol{R}\,{}_G\boldsymbol{q} + {}_G\boldsymbol{q}_{G_o} \tag{3.8}$$

a）齐次坐标变换

式（3.8）是非齐次的，然而，能够使用等价的齐次变换将其表示出来，形式如下：

$$\begin{bmatrix} {}_A\boldsymbol{q} \\ 1 \end{bmatrix} = \begin{bmatrix} {}_G^A\boldsymbol{R} & {}_A\boldsymbol{q}_{G_o} \\ 0 & 1 \end{bmatrix} = \begin{bmatrix} {}_G\boldsymbol{q} \\ 1 \end{bmatrix} \tag{3.9}$$

需要说明的是，式（3.9）中最左边和最右边的式子均可称为点的齐次坐标，依旧将它们记为 ${}_A\boldsymbol{q}$ 和 ${}_G\boldsymbol{q}$。则，与式（3.9）相等价的矩阵可表示为

$$_A\boldsymbol{q} = {}_G^A\boldsymbol{T}\,{}_G\boldsymbol{q} \tag{3.10}$$

式（3.10）中，齐次坐标 ${}_A\boldsymbol{q}$ 和 ${}_G\boldsymbol{q}$ 均加入了第 4 个元素 1，是 $4 \times 1$ 的列向量。齐次变换矩阵 ${}_G^A\boldsymbol{T}$ 的表达形式如下：

$$_G^A\boldsymbol{T} = \begin{bmatrix} {}_G^A\boldsymbol{R} & {}_A\boldsymbol{q}_{G_o} \\ 0 & 1 \end{bmatrix} \tag{3.11}$$

由矩阵的形式，能够看出：变化矩阵 ${}_G^A\boldsymbol{T}$ 代表了刚体进行平移变换和旋转变换所产

生的综合效果。式（3.9）和式（3.8）的意义是等价的。

b）平移齐次坐标的变换

假设：$i$, $j$, $k$ 分别为坐标系中 $x$ 轴，$y$ 轴，$z$ 轴上的单位向量，则矢量 $li+mj+nk$ 可以表示该坐标空间中的某个点。所以，平移齐次变换的关系矩阵可以表示为如下形式：

$$Ts(l,m,n) = \begin{bmatrix} 1 & 0 & 0 & l \\ 0 & 1 & 0 & m \\ 0 & 0 & 1 & n \\ 0 & 0 & 0 & 1 \end{bmatrix} \tag{3.12}$$

式（3.12）中，$Ts$ 代表平移变换关系。

例如：已知向量 $u=[x,y,z,\gamma]^T$，对其进行平移变换后所得的结果由向量 $\zeta$ 表示。向量 $\zeta$ 的计算公式如下：

$$\zeta = \begin{bmatrix} 1 & 0 & 0 & l \\ 0 & 1 & 0 & m \\ 0 & 0 & 1 & n \\ 0 & 0 & 0 & 1 \end{bmatrix} \begin{bmatrix} x \\ y \\ z \\ \gamma \end{bmatrix} = \begin{bmatrix} x+l\gamma \\ y+m\gamma \\ z+n\gamma \\ \gamma \end{bmatrix} = \begin{bmatrix} \dfrac{x}{\gamma}+l \\ \dfrac{x}{\gamma}+m \\ \dfrac{x}{\gamma}+n \\ 1 \end{bmatrix} \tag{3.13}$$

可把平移齐次坐标变换看作是向量 $\dfrac{x}{\gamma}i+\dfrac{y}{\gamma}j+\dfrac{z}{\gamma}k$ 与向量 $li+mj+nk$ 相加之和。

c）旋转齐次坐标的变换

若物体对应于参考系 $\{A\}$ 的坐标轴 $x$、$y$ 或 $z$，作角度为 $\omega$ 的旋转运动，则分别可得如下表示旋转变换关系的矩阵：

$$Rt(x,\omega) = \begin{bmatrix} 1 & 0 & 0 & 0 \\ 0 & c\omega & -s\omega & 0 \\ 0 & s\omega & c\omega & 0 \\ 0 & 0 & 0 & 1 \end{bmatrix} \tag{3.14}$$

$$Rt(y,\omega) = \begin{bmatrix} c\omega & 0 & s\omega & 0 \\ 0 & 1 & 0 & 0 \\ -s\omega & 0 & c\omega & 0 \\ 0 & 0 & 0 & 1 \end{bmatrix} \tag{3.15}$$

$$Rt(z,\theta) = \begin{bmatrix} c\omega & -s\omega & 0 & 0 \\ s\omega & c\omega & 0 & 0 \\ 0 & 0 & 1 & 0 \\ 0 & 0 & 0 & 1 \end{bmatrix} \tag{3.16}$$

式（3.14）~（3.16）中，*Rt* 代表旋转变换关系。

### 3.5.3 系统总体架构

**1. 远程控制系统模型**

远程控制系统是以通信和网络技术为基础的一门先进技术。正是由于通信和网络技术的发展使得远程控制技术得以快速发展。远程控制一般支持以下网络方式：LAN、WLAN、WAN、拨号方式、Internet 方式。此外，有的远程控制软件还支持通过串口、并口、USB、红外端口来对有限距离范围内的远程机进行控制。传统的远程控制一般使用 NETB10S、IPX/SPX、TCP/IP 等协议来实现，目前也有通过 WEB 页面和 Java 技术来实现不同操作系统下的远程控制。

远程控制系统可以划分为：远程监控终端系统、远距离数据传输系统、现场设备监测与控制系统 3 部分。各部分分工协作，共同实现对设备的远程控制，远程控制系统模型如图 3-8 所示。

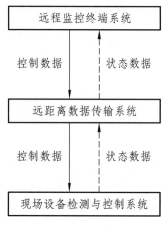

图 3-8 远程控制系统模型

1）远程监控终端系统

远程监控终端系统是用户与现场设备进行交互的界面。从功能角度来看，包括远程设备状态的终端显示、控制命令及参数的输入、对命令参数和状态数据进行必要的处理，以及其他操作。由于计算机的广泛应用及其价格越来越低廉，而且用于远程监控的微机可以远离工作现场，基于计算机的远程控制终端软件发展迅速，计算机成为远程监控终端系统的主要操作平台。

2）远距离数据传输系统

远距离数据传输系统作为远程控制的信息传输通道，进行各类控制数据的传输。传输的目的就是将现场的设备状态信息尽快地传输到监控端，使操作人员通过对现场设备状态的了解，决定下一步的措施（比如通过传输系统发出控制命令等）；另外还需将监控端的控制信息传输到现场的控制主机，对设备进行控制。视频图像在某些远程监控应用中起着很重要的作用，但图像信息量大、传输的质量要求高，对通信线路有一定的要求。目前，一般采用将视频音频信号和数据信号分开传递的方法，使它们占用不同的通道、波段或频段。一个通信系统通常由通信介质、通信协议、通信软件、硬件系统等组成。表 3.1 所示为传输系统现有的一些网络标准。

表 3.1　网络通信及协议

| 内容 | 标准举例 |
| --- | --- |
| 物理连接 | 电话线、双绞线、DDN、光纤、同轴电缆、微波等 |
| 底层协议 | 802 系列、ISDN、ATM、xDLS |
| 基本应用协议 | TCP/IP、IPX/SPX、PPP |
| 高级通信协议 | HTTP、CORBA、DCOM 等 |
| 网络操作系统 | Windows、Unix、Linux |

3）现场设备监测与控制系统

现场设备监测与控制系统是直接对现场设备进行监测控制的系统。主要任务是根据监控终端的控制数据对设备进行控制，同时监测设备的状态，并作必要的分析，再将这些状态通过传输通道反馈到监控端。现场监控系统实际是一个计算机控制系统，是以计算机为中心的，集现场控制、管理、数据采集为一体的控制系统。

服务机器人远程控制的实现分两步走：第一步先实现对机器人的近程控制；第二步是在近程控制的基础上利用国际互联网或企业内部互联网实现网上的两台计算机之间数据通信，将客户机上的命令传送到服务器上，再经服务器传到机器人控制器，从而间接达到控制机器人的目的。

## 2. 服务机器人近程控制策略

实现机器人的近程控制分 3 步进行：第一步是先制定主计算机（在远程通信中作为服务器）与机器人控制器之间的串行通信协议，也称近程通信协议；第二步是拟定程序的控制章程；第三步是编制近程通信程序并进行调试。在这里仅仅介绍机器人近程控制的基本原理。

为了对 IBM7575／7576 服务机器人实施近程控制，近程通信协议分 3 个层次。第 1 层是物理级协议，它定义了主计算机和机器人控制器之间的控制线和数据线的连接，所以它也是最底层的关于硬件的协议。第 2 层是连接级协议，它也是一种较低层的通信协议，不过它定义的是两台通信设备之间的信息交换格式。此格式由 5 个域组成：第 1

个域是标志信息文本开始的控制字符；第二个域用来标明信息文本长度的大小；第 3 个域代表实际要进行交换的数据；第 4 个域是标志信息文本结束的控制字符；最后一个域是块校验字符。利用这种信息交换格式可以确保信息可靠地发送与接收。第 3 层是应用级协议，它是一种高层通信协议。该协议定义每一种信息的特殊交换格式和对应的响应，研究的重点是如何将机器人的各种主通信命令从主计算机传送到机器人控制器，然后识别机器人执行命令的响应。应用级协议分为 4 个域：开始域标明通信类型；第 2 个域表示处理代码；第 3 个域代表机器人主通信命令代码；最后一个域是附加域，用来完善信息的整个内容。例如，启动机器人动作的主命令"Start"，用应用级协议表示的交换信息就是"032053"。如果将此信息直接传送给机器人控制器是不行的，实际要传送的信息必须按连接级协议的信息交换格式来进行。因此，按应用级协议缩写的交换信息最终必须表达成连接级协议的格式才能进行传送，而用应用级表示的信息实际上就是连接级信息格式中的第 3 个域的内容。

有了通信协议，下面的任务就是如何实现主计算机与机器人之间的数据通信。为了实现机器人的近程控制，我们采用了 VB6.0 的通信控件 MSComm，通过串行端口传输和接收数据，为应用程序提供串行通信功能。有了 MSComm 控件后，可以方便地从主计算机将机器人的主通信命令传送到机器人控制器，从而达到对机器人进行近程控制的目的。

### 3. 服务机器人远程控制策略

为实现 Internet 上对服务机器人的远程控制，网络通信程序的开发应在 Windows Sockets 上进行。由于 Windows 操作系统本身和许多开发工具均提供了较多的 Socket 支持选项，Windows Sockets 实现网络通信是比较方便的，如在 VB6.0 中 Windows Socket API 就被封装在控件 WinSock 中。WinSock 控件允许使用两种协议连接到远程计算机上并与之交换数据：一种协议是用户报文协议( UDP )；另一种协议是传输控制协议( TCP )。用这两种协议都可以创建客户端和服务器端的应用程序。

WinSock 控件的工作原理是：客户端向服务器端发出连接请求，服务器端则不停地监听投测客户端的请求，当两者的协议沟通时，客户端和服务器端之间就建立起了连接。这时候，客户端继续请求服务器发送或接收数据，服务器则在等待客户端的这些请求，一旦请求被采纳，客户端和服务器端就可以实现双向数据传输。不管是客户端还是服务器端，发送数据都是主动的，而接收数据都是被动的。为了便于客户机在异地控制本地制造系统中的服务机器人，在本地的服务器方用 WinSock 控件创建了一个监听线程，随时监听是否有客户的连接要求，并决定是否要响应请求。而在客户方也用 WinSock 控件建立了一个连接线程，在需要时发送连接请求。如果服务器接受连接请求，则它发送一条消息给客户方，告诉对方可以接管机器人的控制权。此后，客户机可根据实际需要发送控制指令给服务器，服务器再把该指令通过串行通信的方式传给机器人的控制器，进而达到控制机器人的目的。在机器人执行指令的过程中，服务器可根据需要及时把指令的执行情况传回给客户方，这样客户就能知道机器人的具体执行情况了。

1）机器人平台硬件组成

该平台主要由机械系统（移动平台）、控制驱动系统（驱动控制电路、本体驱动电机、视觉云台控制电机）、视觉系统（摄像头、图像采集卡等）、传感器系统（红外、超声等传感器）、通信系统、上位机及外围电路等组成。如图 3-9 所示。

智能机器人平台采用了主从结构的分布式处理方式，由上位机系统来协调控制各个子模块系统。各个子系统都有自己的数据处理机制，数据处理都在本模块的 DSP 处理器中完成。上位机只是负责数据融合、任务分解、策略选择制定、协调控制各个子模块等工作。

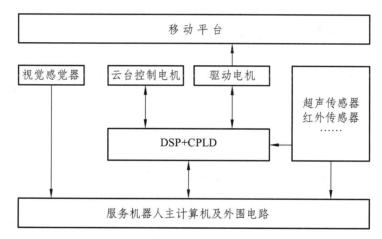

图 3-9　移动机器人平台硬件组成

a）控制驱动系统

上位机对驱动层的控制命令有两类：速度控制和定位控制。在机器人本体进行速度控制时，位置控制可以中断它，而进入位置控制状态。在位置控制时，速度控制也可以中断它，而进入速度控制状态。位置控制结束后，总是使速度控制量为 0 而进入停止状态。

b）传感器系统

传感器系统主要由超声传感器、红外传感器组成。所有传感器的数据采集和数据处理都在该系统的 DSP 中处理完成。上位机通过串口与该系统交互，当上位机需要数据时，通过命令让其发送处理完成以后的各种信息。上位机也可以通过该系统控制各个传感器的工作情况。传感器系统采用模块化、开放式的结构来设计传感器系统。

2）软件系统

机器人本体采用主从式控制结构，主控上位机采用低耗 CPU 单板计算机，驱动系统和非视觉传感器信息处理单元都采用 DSP 技术来控制，通信系统采用的是 wireless LAN 通信方式。控制系统结构如图 3-10 所示。

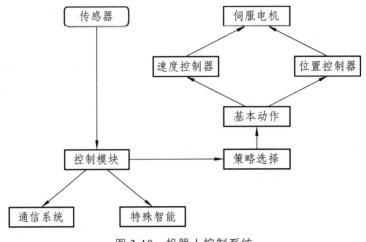

图 3-10　机器人控制系统

机器人平台包括传感器模块、决策模块、电机驱动模块等。

机器人通过视觉、红外或超声等传感器感知外界的信息，决策模块根据相应的信息决定机器人的动作和行为，将指令发送给电机驱动模块，控制机器人做相关的运动。

### 4. 远程控制性能因素

一个远程控制系统必须快速、准确、稳定、可靠地运行。影响一个远程控制系统正常运行的因素主要有实时性因素、可靠性因素、系统稳定性因素。这 3 个因素也是目前无线远程控制技术所要研究和解决的主要难题。

1）实时性

实时性是远程控制系统的一个比较重要的性能指标。如果由于各种原因，使得监控用户发送的控制命令不能立即使设备产生作用，造成了设备动作的不连续，影响控制系统的正常工作。同时，设备的一些状态信息不能及时反馈给用户，必然引起用户在判断现场设备运行时出现偏差。这些都会导致远程控制系统的性能不可靠。一个系统的实时性通常采用响应时间来定量描述。响应时间是指某一系统对输入做出响应所需要的时间。响应时间越短，标志着系统的性能越好。

在远程控制系统中，需要传输的数据有多种，主要是反馈的设备状态数据和用户的控制命令这两种，它们的处理时间和传输时间对实时性产生主要影响。而处理时间受处理系统和作用系统的硬件与软件影响，所以只要合理的设计和选择硬件与软件都可以缩短处理时间。对于传输时间来说，如果传输系统属于专用的远程通道，那么传输介质的选择将是决定性的因素。如果是借用其他信道的方式，如公用电话网、GSM、因特网，那么传输方式及传输协议的设计选择将是主要的决定因素。对于基于无线网络的远程控制的传输系统，传输时间是决定系统实时性的主要的因素，因而必须合理有效地设计和选择一定的网络传输协议，以达到缩短总的消耗时间的目的，从而改善实时性。

2）可靠性

一个远程控制系统的可靠性主要是指远程监控终端系统、远距离数据传输系统和现场设备监控系统的可靠性。可靠性是一个控制系统的基本要求之一。

对于远程控制来说，传输系统的可靠性是最为重要的一个方面。而传输系统的可靠性在于传输介质与传输方式等因素。可靠性可以用公式 $R=MTBF/(MTBF+MTIR)$ 描述。其中 $R$ 表示可靠性，MTBF 表示平均无故障时间，MTTR 表示平均故障修复时间。因此增大可靠性的有效思路是增大平均无故障时间或者减少平均故障修复时间。

3）稳定性

稳定性因素是指现场监控终端在监控终端的监控下，能够稳定运行，不产生震动、中断、跳变等不正常现象。第一，由于时延的影响，现场监控系统在上一步命令执行完成，还没有接收到下一步执行的控制命令时，必然产生一定的控制过程中断。如果现场监控系统没有对该中断做出一定的弥补措施，必然导致不可预测的结果；第二，现场控制系统产生了异常错误，要求监控终端给予快速修正，但是，由于传输时延影响，数据到达监控终端需要一定的时间，从而使得异常错误在现场没有得到有效的终止，有可能导致不可预测的结果；第三，数据传输的错误有可能导致出现不稳定状态，传输系统可能由于外界干扰等原因使得数据传输错误，导致对设备的控制出现不可预测的结果，从而影响系统的控制稳定性。

## 3.5.4 视频模块相关技术

### 1. JMF 与 RTP

Java 媒体框架（JMF）是一个应用程序接口，是 Java 在多媒体领域的一个扩展应用，它为管理音频、视频等时基媒体数据的获取、处理和传输提供了一套统一的体系结构和消息协议。JMF 支持大多数标准的媒体类型，为多媒体开发者提供了一个强大的、跨平台、可开发、升级性强的软件工具。

JMF 主要包括两个部分：JMF API 和 JMF RTP API。前者的主要功能是捕捉、处理、存储和播放媒体；后者的主要功能是在网络上对媒体流进行实时传输和接收。

实时传输协议（RTP）是网络上针对多媒体数据流的一种传输协议，为实时数据（如音频、视频等）提供端到端的服务。RTP 通常运行在 UDP 之上，UDP 是面向无连接的传输层协议，避免了 TCP 协议的重传机制、拥塞控制机制和报文头大小等在网络音视频等多媒体数据传输上的缺陷。RTP 能以有效的反馈和最小的开销使传输效率最佳化，特别适合传输网络上的实时音视频等多媒体数据。

JMF 提供了对实时传输协议 RTP 的支持。由 YMF 框架和 RTP 协议结合形成 JMF。

RTP 结构如图 3-11 所示，基于 JMF 的 RTP 多媒体传输示意图如图 3-12 所示。

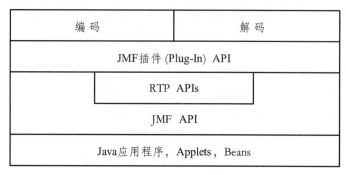

图 3-11　JMF-RTP 结构

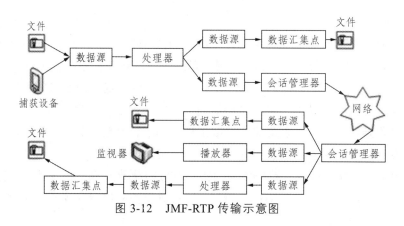

图 3-12　JMF-RTP 传输示意图

### 2. 视觉信号的传输

图像服务器端主要是独立运行的 Java 应用程序，负责完成客户端连接请求的监听、视频图像的捕获、媒体流格式的转换及发送。

在服务器端采用 ServerSocket 类创建一个固定端口的"监听"套接字，用来监听客户端的连接，若建立新的连接，则返回此客户端的 IP 地址等信息。

JMF 提供了访问系统的媒体捕获设备，如从麦克风捕获音频、从摄像头捕获视频，并对所捕获的媒体流进行各种处理的功能。对视频图像进行捕获后，要传输 RTP 流，必须使用处理器产生 RTP 编码的输出数据（data output），然后创建一个会话管理器（session manager）或者数据汇集点（data sink）来控制传输。处理器的输入为当前捕获的实时数据，也可以是存储的媒体文件。

### 3. 视觉信号的接收

客户端实时媒体数据的接收和播放是由运行在客户端浏览器中的 JavaApplet 程序实现的。这部分 Applet 程序的主要功能是首先建立与服务器 Socket 套接字的连接，以便于服务器获得客户端 IP 地址等信息，然后将从服务器发送来的媒体数据进行接收和播放。

### 3.5.5　视频压缩传输模块

由于视频图像信息的数据量非常大，因此，必须先对图像进行压缩，然后通过网络传送到用户站点。用户站点把接收到的已压缩的图像信息进行解压缩，还原成原来的图像。随后，用户可根据总的调度策略给远端机器人发出新的控制命令，远端机器人再完成相应的动作。同时，又通过网络把机器人的动作传送到用户站点。这样，远端机器人的一举一动都能及时地呈现在控制者的面前，好像自己就在机器人的现场一样，即有一种现场感。此外，为了把控制命令和运动过程都记录下来，为以后的分析、研究提供准确的数据，必须建立控制命令和运动过程数据库。

系统采用客户机/服务器体系结构。从总体上，系统必须实现如下功能和相关技术。

为了实现遥操作命令的传输和执行，客户机接收用户提供的机器人控制命令，然后形成相应的命令帧格式发送到网络。服务器对接收到的控制命令进行分析和解释，并通过机器人控制系统驱动机器人执行相应的命令。为了实现机器人现场图像的传输，首先由客户机采集视频图像，然后进行数据压缩，再发送到网络上。服务器则把从网络上接收到的图像数据进行组合，完成相应的解压缩工作，恢复现场的视频图像。

所以，从对控制命令的处理这一角度来看，本地是客户机，远端是服务器；而从对视频图像的处理这一角度来看，远端是客户机，本地是服务器。

在实时传输过程中，系统首先建立采集窗口，然后指定回调函数。系统采集的图像存放在一段连续的内存中，以回调函数的形式传送给编程人员。在回调函数中，先进行压缩处理，然后对数据打包，再把数据包按序号依次发送到 Internet 网络上。本地站点接收到数据包以后，按序号组合成数据块，然后解压缩，最后在给定窗口上重现视频图像。

为了取得最佳性能，系统实现时，在 H.263 基础上采用了混合压缩编码方案，其视频图像压缩的基本流程如图 3-13 所示。混合压缩编码的思想是：先判断是否为关键帧，若是关键帧，则先进行离散余弦变换 DCT（discrete cosine transform），然后对 DCT 系数作量化处理，再对量化后的交流（AC）系数以 Z 形路径进行行程编码（run-length encoding, RLE），最后进行哈夫曼编码；若不是关键帧，则采用帧间压缩。

为了实现良好的帧间压缩，在 H.263 基础上比较了两种不同的压缩方式，并且将这两种方式按不同的情况结合起来构成混合压缩编码方案。

第 1 种方式以像素为基础，首先将其与上一帧作差，得到一个稀疏矩阵。在作差的过程中，采用小范围匹配的方法去掉一部分噪声，然后采用优化的行程编码得到最后结果，并把当前帧图像保存在指定的内存区，作为下一帧作差的参考帧。

第 2 种方式是以宏块为基础的运动补偿方式，首先计算运动矢量，然后采用行程编码（RLE）和哈夫曼编码。由于机器人的运动主要是平移和转动，而不是像真人那样还有脸部表情等细微变化，所以，用运动补偿技术既可以达到较高的压缩比又有相当好的图像质量。

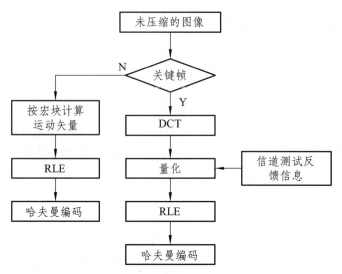

图 3.13　混合编码方案的视频压缩流程

对于第 1 种以像素为基础的压缩方式,在图像质量一定的情况下,帧频和压缩比明显提高。而对于第 2 种以宏块为基础的运动补偿压缩方式,在数据传输率较低的情况下,达到了较高的压缩比、较好的图像质量和基本实时的视频效果。因此,这两种方式分别用在数据传输率较高和较低两种情况下。

为了吸收二者的长处,在系统中采用了混合压缩编码方案,此方案将上述两种方式结合起来,这样,正好能使系统有效地适用于 Internet 情况。因为远程站点之间通过 Internet 网进行传输时,信道的数据传输率不是固定的,所以,系统中通过信道测试反馈信息来改变量化时的步长,从而调节视频信息的数码率和压缩方法,以便更好地适应信道传输率的变化,并获得最佳压缩效果。

视频传输的实现包括两部分,即全局视觉和本地视觉。

考虑到视觉信号需要通过 Java 编写的 Web 服务器提供给客户端参考,我们选择了 JMF（Java Media Framework，Java 媒体框架）API 进行开发,协议选择的是 RTP 协议（Real-time Transport Protocol，实时传输协议）。

系统的全局视觉全局图像服务器端以 USB 接口的 WebCam 为视频捕获设备,通过 JMF 提供的视频图像捕获方法采集视频信号,由软件（JMF 内置的压缩算法）实现对视频数据的压缩,然后通过 RTP 协议把视频信号实时地发送出去。在客户端,用户登录到服务器后,在通用的浏览器上下载并运行服务器端的 JavaApplet 程序,利用 RTP 协议接收实时视频图像信息,并由 JMF 内置方法对视频数据进行解压,然后进行视频播放。

**1. 服务机器人远程控制系统要解决的两大技术**

首先,视频数据的压缩和解压缩是必须的。视频图像的信息量非常巨大,例如,1 幅 640×480 中分辨率的彩色图像（24 bit/像素）,其数据量为 0.92 MB,如果以每秒 30

帧的速率播放，则视频信号的数码率高达 27.6 Mb/s。显然，视频压缩技术数字化是压缩技术的关键。

其次，视频数据的实时传输技术是另一个关键技术。数字视频远程控制系统的数据通信有以下特点。

实时性：视频数据属于实时数据，必须实时处理，如压缩、解压缩、传输、同步等。

分布性：图像采集和图像接收位于不同地点，通过计算机局域网或广域网连接。

同步性：尽管视频信息具有分布性，但在服务机器人终端显示时必须保持同步。

### 2. 视频压缩编码

视频压缩编码的目标是在尽可能保证视觉效果的前提下减少视频数据量。由于视频是连续的静态图像，因此其压缩编码算法与静态图像的压缩编码算法有某些共同之处，但是运动的视频还有其自身的特性，因此在压缩时还应考虑其运动特性才能达到高压缩的目标。

有损和无损压缩：在视频压缩中有损（lossy）和无损（lossless）的概念与静态图像中基本类似。无损压缩也即压缩前和解压缩后的数据完全一致。多数的无损压缩都采用 RLE（行程编码）算法。有损压缩意味着解压缩后的数据与压缩前的数据不一致。在压缩的过程中要丢失一些不敏感的图像或音频信息，而且丢失的信息不可恢复。

帧内和帧间压缩：帧内（intraframe）压缩也称为空间压缩（spatial compression）。当压缩一帧图像时，仅考虑本帧的数据而不考虑相邻帧之间的冗余信息，这实际上与静态图像压缩类似。帧内一般采用有损压缩算法，由于帧内压缩时各个帧之间没有相互关系，所以压缩后的视频数据仍然可以以帧为单位进行编辑。

对称和不对称编码：对称性（symmetric）是压缩编码的一个关键特征。对称意味着压缩和解压缩占用相同的计算处理能力和时间，对称算法适合于实时压缩和传送视频。非对称意味着压缩时需要花费大量的处理能力和时间，而解压缩时则能较好地实时回放，也就是以不同的速度进行压缩和解压缩。

视频采集完成后，对于机器人控制系统而言，还需要将现场视频图像传送到远端。一般使用基于 TCP/IP 的网络进行传输。

## 3.6　本章小结

未知环境中的服务机器人控制理论和方法的研究，是机器人学和智能控制的一个重要研究领域。但目前已有的理论和方法并不能完全满足未知环境中服务机器人自主导航的要求，在服务机器人控制体系结构、自主移动技术、多服务机器人控制体系及远程控制等方面都有许多问题有待解决。这些问题并不是孤立的，各部分相互耦合，互为影响。

如果不能把各部分有机地结合为一个整体，那么必将削弱或不能达到预期的系统性能。因此有必要针对服务机器人导航控制的各种问题，全面深入地分析机器人系统与环境之间、系统各部分之间的交互关系，研究开发面向全局性能优化的导航理论和技术，以实现灵活、稳定、可靠的服务机器人导航控制系统。

随着服务机器人控制技术的突破，它正在为人们提供越来越方便、越来越舒适的服务，服务机器人正成为一个新兴的快速发展的产业。当然，要想充分挖掘服务机器人的潜力，需要生产厂家及科研院所集中力量共同努力。未来服务机器人的成功将特别取决于社会对它的承认。从面向用户的观点来看，应让成熟的机器人控制技术走出实验室，重视服务机器人控制技术转让，采取渐进的方法了解用户的意见。结合当前的控制技术基础及现实环境，可以采取以下的开发思路：将各类服务机器人开发成系列产品，有功能简单、价格相对便宜产品；有功能较多、价格较贵的产品；有高智能化、价格高的产品。在低端产品市场运作较好的前提下，不断追加投资，开拓高端产品的市场，使产品获得较好的社会效益和经济效益。

## 习　题

1. 简述常用的路径规划方法。
2. 机器学习主要包括哪三类重要的学习方法？

# 第4章 服务机器人的智能感知系统

服务机器人一般属于智能机器人，能够"自主"完成某些预先设定的服务功能，能够与环境相互作用，如四处走动、改变环境等。而传统的机器人是指由机械部件构成，能够按照设定的程序重复完成某项工作的机械系统，这种机器人一般被安装在自动化生产线上。服务机器人是以有意识的、非重复的方式工作，自主地完成某项功能需要智能感知系统，这相当于人的各种感觉器官、神经系统及大脑。

## 4.1 服务机器人智能感知系统的定义与组成

### 4.1.1 服务机器人感知系统的定义

服务机器人智能感知系统是指机器人能够自主感知其周围环境及自身状态，按照一定规律做出及时判断，并将判断信息转换成可用输出信号的智能系统。智能感知系统是服务机器人感知周围环境、自身状态，与人类交互信息并采取相应行为的必备基础。

服务机器人智能感知系统的关键技术主要包括高精度和高可靠性传感器技术、高速信息处理技术、自适应多传感器融合技术、静/动态标定测试技术、复杂环境下的多网络智能通信技术等。随着电子技术、信息技术、通信技术及控制技术的发展，服务机器人智能感知系统正向仿生感知技术、多智能传感器技术、网络传感器技术、虚拟传感器技术、临场感技术、多传感器系统与信息系统及通信系统融合等方向发展。

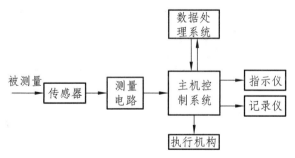

图 4-1　服务机器人智能感知系统构成图

### 4.1.2 服务机器人感知系统的组成

服务机器人智能感知系统由各种类型的传感器、测量电路、控制系统、数据处理系统等部分构成，如图4-1所示。服务机器人要实现各种既定的服务功能就必须通过传感系统感知周围环境，接收各种信息与指令，及时处理并做出正确判断。服务机器人所需的传感器主要包括视觉传感器、触觉传感器、力觉传感器、听觉传感器、嗅觉传感器及其他能够实现特定功能的传感器等，如图4-1所示。

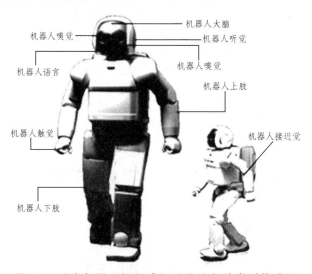

图 4-1 服务机器人智能感知系统的各种类型传感器

### 4.1.3 服务机器人信息检测与分析方法

机器人要正常工作，就必须实时感知周围动态变化的环境，并对自身的位置、速度、姿态等进行测量和控制。机器人从内部和外部获取各种有用信息，并对所获取的信息进行检测、分析和处理，这对服务机器人自主完成预先设定的服务功能至关重要。

服务机器人的信息检测是依靠各种传感器完成的，主要分为内部传感器和外部传感器两种类型。外部传感器主要用于感知外部环境及环境变化；内部传感器主要用于检测并感知机器人自身的状态，如位置、速度、方向、手足姿态等，服务机器人所需的传感器类型及其功能如表4-1所示。

表 4-1 服务机器人所需的传感器类型及其功能

| 外部传感器 | | 内部传感器 | |
|---|---|---|---|
| 类型 | 感知功能 | 类型 | 检测功能 |
| 视觉 | 亮度、图像信息 | 速度传感器 | 速度、角速度 |
| 听觉 | 声音信息 | 加速度传感器 | 加速度 |

| 外部传感器 | | 内部传感器 | |
| --- | --- | --- | --- |
| 嗅觉（气体传感器） | 各种类型气体 | 角度传感器 | 倾斜角、方位角 |
| 力觉 | 力、力矩 | 力/力矩传感器 | 力/力矩 |
| 触觉 | 接触、滑动 | 位移传感器 | 位移 |
| 热觉 | 温度 | 温度传感器 | 温度 |
| 接近觉 | 距离 | | |
| 方向觉 | 方位角 | | |

机器人通过传感器获得的各种信号通常不能直接利用，需对信号进行必要的分析和处理。信号分析与处理过程就是对采集到的信号去伪存真、排除干扰从而获得所需的有用信息的过程。一般来说，通常把研究信号的构成和特征值的过程称为信号分析，把对信号进行必要的变换以获取有用信息的过程称为信号处理，具体过程可以参阅信号分析与处理方面的相关参考书。

信号分析方法通常分为时域分析和频域（谱）分析两类。时域分析以波形为基础，是一种直接在时间域中对信号进行分析的方法，具有直观、准确的优点，可以提供系统时间响应的全部信息。频域（谱）分析则将时域信号变换到频域中进行分析，最基本的方法是将信号分解为不同频率的余（正）弦分量的叠加，然后利用傅立叶变换（级数）进行分析。

# 4.2　服务机器人的感觉与传感器

## 4.2.1　服务机器人的视觉传感器——眼睛

视觉是人类感知外界信息的重要手段，也是机器人获取环境信息的关键组成部分。视觉传感器能够使机器人具有视觉感知功能，是机器人系统组成的重要部分之一。服务机器人视觉可以通过视觉传感器获取环境的二维图像，并通过视觉处理器进行分析和解释，进而转换为可用的信号，让机器人能够辨识周围物体，并确定其位置。机器人视觉广义上称为机器视觉，其基本原理与计算机视觉类似。"机器视觉"，即采用机器代替人眼来做测量和判断。机器视觉主要用计算机来模拟人的视觉功能，但并不仅仅是人眼的简单延伸，更重要的是具有人脑的一部分功能，即：从客观事物的图像中提取信息，进行处理并加以理解，最终用于实际检测、测量和控制。图 4-2 为典型机器人视觉系统。机器视觉硬件主要包括图像获取和视觉处理两部分，而图像获取由照明系统、视觉传感器、模拟/数字转换器和帧存储器等组成。机器视觉可以实现的功能有：定位（点，圆，线，几何体，甚至不规则斑点）、测量（物体之间的距离和角度）、计数（对圆、线、交点、不规则图形、像素点）、瑕疵检测（表面凹陷、磨损、划痕、凸起）、字符识别（多角度全视野检测数字和字母）。

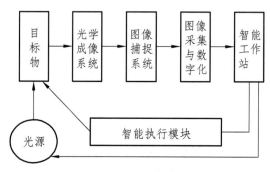

图 4-2　典型机器人视觉系统

机器人视觉系统主要利用颜色、形状等信息来识别环境目标。以机器人对颜色的识别为例：当摄像头获得彩色图像以后，机器人上的嵌入计算机系统将模拟视频信号数字化，将像素根据颜色分成两部分，即感兴趣的像素（搜索的目标颜色）和不感兴趣的像素（背景颜色）。然后，对感兴趣的像素进行 RGB 颜色分量的匹配。为了减少环境光强度的影响，可把 RGB 颜色域空间转化到 HIS 颜色空间，即用色调、亮度、饱和度来描述颜色空间。根据功能不同，机器人视觉可分为视觉检验和视觉引导两种。

### 1. 视觉传感器

视觉传感器是整个机器视觉系统信息的直接来源，主要由一个或者多个图形传感器组成，有时还要配以光投射器及其他辅助设备。视觉传感器的主要功能是获取足够的机器视觉系统要处理的最原始图像。图像传感器可以使用激光扫描器、线阵和面阵 CCD 摄像机或者 TV 摄像机，也可以使用最新出现的数字摄像机等。视觉传感器具有从一整幅图像捕获数以万计像素的能力，图像的清晰和细腻程度常用分辨率来衡量，以像素数量表示。

### 2. 红外传感器

利用红外线的物理性质来进行测量的传感器称为红外传感器。红外线又称红外光，它具有反射、折射、散射、干涉、吸收等性质。任何物质，只要它本身具有一定的温度（高于绝对零度），都能辐射红外线。红外线传感器测量时不与被测物体直接接触，因而不存在摩擦，并且有灵敏度高、响应快等优点。红外传感器包括光学系统、检测元件和转换电路。

红外线传感器在机器人技术领域常用于障碍物测量与距离测量。红外线传感器用于距离测量时称为红外测距传感器，该传感器具有一对红外信号发射与接收二极管，发射管发射特定频率的红外信号，接收管接收这种频率的红外信号。当检测方向遇到障碍物时，红外信号反射回来被接收管接收，经过处理之后，通过数字传感器接口返回机器人主机，机器人即可利用返回的红外信号来识别周围环境的变化。红外传感器在机器人上的应用相当于人眼的功能，利用的红外测距传感器发射出一束红外光，照射到物体后形成一个反射过程，反射到传感器后接收信号，然后 CCD 计算发射信号与接收信号之间的时间差数据，再经信号处理器处理后计算出物体的距离。

### 3．双目立体视觉传感器

双目立体视觉是机器视觉的一种重要形式，它是基于视差原理并由多幅图像获取物体三维几何信息的方法。双目立体视觉系统一般由双摄像机从不同角度同时获得被测物的两幅数字图像，或由单摄像机在不同时刻从不同角度获得被测物的两幅数字图像，并基于视差原理恢复出物体的三维几何信息，重建物体三维轮廓及位置。双目立体视觉系统在机器视觉领域有着广泛的应用前景。

双目立体视觉三维测量基于视差原理，图 4-3 所示为双目立体视觉摄像机的工作原理图。双目立体视觉摄像机可广泛应用于机器视觉、自动检测、双目测距、运动采集及分析、医学影像、生物图像、非接触测量及其他科学和工业领域。双目摄像机采用平行光轴的系统结构来获取视频图像，在平行光轴的立体视觉系统中，左右两台摄像机的焦距及其他内部参数均相等，光轴与摄像机的成像平面垂直，两台摄像机的 $x$ 轴重合，$y$ 轴相互平行，因此将左摄像机沿着其 $x$ 轴方向平移一段距离 $b$（称为基线，baseline）后与右摄像机重合。即使设计时完全一致，由于存在 CCD 焊接、镜头接口、镜头、电路板变形等因素所引起的误差，生产出来的双目摄像机所得到的图像与平行光轴结构要求之间，或多或少都存在误差。因此，在使用前，必须获得双目摄像机系统的内外部参数，让双目应用程序和算法进行相应的调整，方可得到最佳的视差。

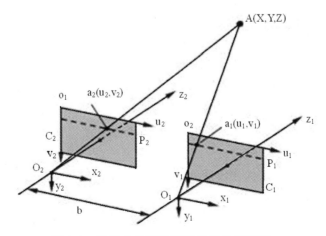

图 4-3　双目立体视觉摄像机工作原理图

### 4. 图像识别

人类在进行图像识别时，光作用于视觉器官，使其感受细胞兴奋，其信息经视觉神经系统加工后产生视觉。视觉形成过程：光线→角膜→瞳孔→晶状体（折射光线）→玻璃体（固定眼球）→视网膜（形成物像）→视神经（传导视觉信息）→大脑视觉中枢（形成视觉）。通过视觉，人和动物感知外界物体的大小、明暗、颜色、动静，获得各种信息。在图像识别中，既要有当时进入感官的信息，也要有记忆中存储的信息。只有通过存储的信息与当前的信息进行比较的加工过程，才能实现对图像的再认。图像距离的改变或图像在感觉器官上作用位置的改变，都会造成图像在视网膜上的大小和形状的改变。即使在这种情况下，人们仍然可以认出他们过去知觉过的图像，甚至图像识别可以不受感觉通道的限制。例如，人可以用眼看字，当别人在他背上写字时，他也可认出这个字来。

机器人的图像识别过程与人类相似，是以图像的主要特征及颜色为基础的。每个图像都有它的特征，如字母 A 有个尖，P 有个圈、而 Y 的中心有个锐角等。对图像识别时眼动的研究表明，视线总是集中在图像的主要特征上，也就是集中在图像轮廓曲度最大或轮廓方向突然改变的地方，这些地方的信息量最大。而且眼睛的扫描路线也总是依次从一个特征转到另一个特征上。由此可见，在图像识别过程中，知觉机制必须排除输入的多余信息，抽出关键的信息。同时，在大脑里必定有一个负责整合信息的机制，它能把分阶段获得的信息整理成一个完整的知觉映像。在人类图像识别系统中，对复杂图像的识别往往要通过不同层次的信息加工才能实现。对于熟悉的图形，由于掌握了它的主要特征，就会把它当作一个单元来识别，而不再注意它的细节了。这种由孤立的单元材料组成的整体单位叫作组块，每一个组块是同时被感知的。在文字材料的识别中，人们不仅可以把一个汉字的笔画或偏旁等单元组成一个组块，而且能把经常在一起出现的字或词组成组块单位来加以识别。

图像识别是人工智能的一个重要领域。为了编制模拟人类图像识别活动的计算机程序，人们提出了不同的图像识别模型，如模板匹配模型。这种模型认为，识别某个图像，必须在过去的经验中有这个图像的记忆模式，又叫模板。当前的刺激如果能与大脑中的模板相匹配，这个图像也就被识别了。例如：有一个字母 A，如果在大脑中有个 A 模板，字母 A 的大小、方位、形状都与这个 A 模板完全一致，字母 A 就被识别了。这个模型简单明了，也容易得到实际应用。但这种模型强调图像必须与大脑中的模板完全符合才能加以识别，而事实上人不仅能识别与大脑中的模板完全一致的图像，也能识别与模板不完全一致的图像。例如，人们不仅能识别某一个具体的字母 A，也能识别印刷体的、手写体的、方向不正、大小不同的各种字母 A。

为了解决模板匹配模型存在的问题，格式塔心理学家又提出了一个原型匹配模型。这种模型认为，在长时记忆中存储的并不是所要识别的无数个模板，而是图像的某些"相似性"。从图像中抽象出来的"相似性"就可作为原型，拿它来检验所要识别的图像。

如果能找到一个相似的原型，这个图像也就被识别了。这种模型从神经上和记忆探寻的过程上来看，都比模板匹配模型更适宜，而且还能说明对一些不规则的，但某些方面与原型相似的图像的识别。但是，这种模型没有说明人是怎样对相似的刺激进行辨别和加工的，它也难以在计算机程序中得到实现。

## 4.2.2　服务机器人的触觉传感器——皮肤

碰撞是机器人与环境相互作用的一种方式，包括轻微的触碰、一般性的敲击和有一定力度的撞击。碰撞感知技术广泛地应用于移动机器人和机器手上，以防止机器人与环境之间产生干涉或者严重的碰撞。

碰撞感知主要通过接触传感器和加速度传感器实现。一种接触传感器利用接触开关来实现简单的感知，如 MobileRobots 公司在先锋机器人上使用的缓冲器，每个缓冲器上带有 2 个 0.98N 的接触开关，通过接触开关的启动来感知碰撞。这种传感器虽然能够比较准确地感知碰撞的发生，但是只局限在安装碰撞器的位置。一些机械手上安装了触觉传感器来感知抓取物的接触程度和接触范围。从程度上来讲，接触要弱于碰撞，所以接触传感器主要是用来感知比较弱的干涉，是一种轻度的碰撞感知。

接触传感器只能安装在局部区域，不能适应大范围的接触感知。然而机器人可能在各个部位受到碰撞，需要比较全面的感知能力，因此出现了利用加速度计感知碰撞振动的检测模式。安装在机器人上的加速度计可以通过碰撞产生的振动来感知接触和冲击，通过信号分析判断碰撞的强度。K.Fujiwara 等人研制的人形机器人就利用身体内的加速度计感知跌倒时与地面的撞击。而地面清洁机器人通过加速度计感知与障碍的碰撞，并绕开障碍。外科手术中的器械也通过加速度计区分操作中与肢体的碰撞。

基于加速度计的碰撞感知以感知机体的振动为基础。当碰撞发生时，加速度计检测到振动信号，通过对振动信号的分析，判断碰撞的发生。简单的碰撞感知不需要判断碰撞方向。西班牙莱里达大学（Universitat de Lleida）的地面清洁机器人的前面安装了一个前向碰撞感知带，上面装有加速度计。只要加速度计感知到碰撞振动，就可以判定机器人的前面产生了碰撞。加拿大 McGill 大学设计了一种触觉设备，这是一种接触感知的缩放机构，用 MEMS 加速度计测量机器人手指运动的强度，进而实现振动感知或者感知被接触物体的纹理。Y. Koda 等人研制的主从抓取力控制系统中也通过加速计感知微振动来检测机器人手指的局部滑动。更复杂的碰撞感知则需要判断碰撞的强度和方向，从而做出更合理的响应。由于振动产生了一种往复变化的加速度信号，碰撞的强度可以从最大加速度信号来判断，而碰撞的方向则需要利用二维的加速度计算获得。但是加速度的往复变化容易引起方向的错判。由于机器人的速度变化、运行过程中机体的自然振动及地形的变化都会引起加速度计信号的改变，所以机器人首先应该能够区分加速度信号中是否含有碰撞成分，从而区分是否发生了碰撞，然后再将碰撞信号从复合加速度信号中分离出来，通过分析碰撞信号的特征，利用信号分析或者神经网络方法识别出是否发生了碰撞。信号的提取则需要综合分析各种可能的加速度信号特点，通过滤波等方法去除平缓的低频部分，提取碰撞的高频振动。识别振动信号的关键是建立各种振动信号的特征量，利用这些特征量，采用神经网络或者支持向量机等非参数化建模方法建立识别模型，也可以利用分类器识别。

### 4.2.3 服务机器人的听觉传感器——耳朵

机器人听觉传感器相当于机器人的"耳朵"，它能够将周围的声波转换成电信号形式的语音信号，具有接受和识别声音信号的功能。通常，服务机器人的听觉传感器分为特定人的语音识别系统和非特定人的语音识别系统两类。

#### 1. 非特定人的语音识别系统

非特定人的语音识别系统大致可以分为语言识别系统、单词识别系统及数字音（0~9）识别系统。非特定人的语音识别方法则需要对一组有代表性人的语音进行训练，找出同一词音的共性，这种训练往往是开放式的，能对系统进行不断地修正。在系统工作时，将接收到的声音信号用同样的办法求出它们的特征矩阵，再与标准模式相比较。看它与哪个模板相同或相近，从而识别该信号的含义。

#### 2. 特定人的语音识别系统

特定人语音识别方法是将事先指定的人的声音中的每一个字音的特征矩阵存储起来，形成一个标准模板，然后再进行匹配。特定人语音识别时首先要记忆一个或几个语音特征，而且被指定人讲话的内容也必须是事先规定好的有限的几句话。特定人语音识别系统可以识别讲话的人是否是事先指定的人，讲的是哪一句话。

### 4.2.4 服务机器人的嗅觉传感器——鼻子

嗅觉传感器能够将气体或气味信息转换成能够识别的电信号，相当于机器人的"鼻子"，即机器嗅觉。机器嗅觉是模拟生物嗅觉的一种仿生检测技术，机器嗅觉系统通常由交叉敏感的化学传感器阵列、各种类型的气体传感器和信号处理系统构成，可用于检测、分析和鉴别各种气味和气体。

服务机器人通常工作在家庭及办公环境，为了预防灾害的发生，要求服务机器人对周围有毒有害易燃易爆气体及火灾发生时的异味具备很高的灵敏度。不但如此，服务机器人还要能够随时监测周围环境中的空气状况，如氧气、二氧化碳浓度等。

#### 1. 机器嗅觉系统工作原理

机器嗅觉是一种模拟生物嗅觉工作原理的新颖仿生检测技术。机器嗅觉系统通常由交叉敏感的化学传感器阵列和相应的计算机模式识别算法组成，可用于检测、分析和鉴别各种气味。机器嗅觉系统工作时，气体或气味分子被系统中的嗅觉传感器阵列吸附，产生电信号；生成的电信号滤除噪声，经信号预处理；处理后的信号再经计算机模式识别系统做出判断。其系统工作原理如图 4-4 所示。

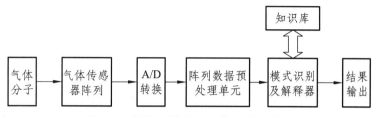

图 4-4　机器嗅觉系统工作原理示意图

嗅觉传感器阵列对特定气体具有特别的敏感性，由一些不同敏感对象的传感器构成的嗅觉传感器阵列可以测量气味的整体信息，这就与人的鼻子一样，闻到的是样品的总体气味。常见的嗅觉传感器按材料分为：金属氧化物半导体传感器、导电聚合物传感器、红外气体传感器、光纤气体传感器等。机器嗅觉是人体嗅觉的模拟，两者原理相似，但也存在显著差异。人体嗅觉主要依靠神经元和神经中枢，而机器嗅觉则依靠气体敏感传感器、信息处理单元及计算机模式识别系统。两者的对照如图 4-5 所示。

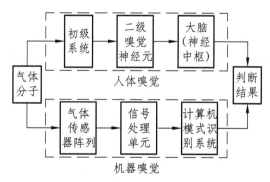

图 4-5　机器嗅觉与人体嗅觉对照图

## 2. 嗅觉传感器

嗅觉传感器又称为"电子鼻"，是机器嗅觉系统的关键部件。嗅觉传感器主要通过气敏效应实现对气体的识别。嗅觉传感器主要有两种类型：一类是金属氧化物型半导体（CMOS）传感器，如 $SnO_2$、$ZnO$、$WO_3$ 等，当其吸附某种气体时导致氧化物的电阻下降产生信号。另一类是导电聚合物传感器，如吡咯、苯胺、噻吩、吲哚等碱性有机物的聚合物及衍生物，当他们与带气味的物质反应后通常引起电阻增加产生信号。

## 4.2.5　接近觉传感器

接近觉传感器用于测量机器人与物体之间的相对距离。接近觉能使机器人在接近物体时，感知距离物体远近程度的信息，具有视觉和触觉的中间功能，能感测对象物和障碍物的位置、姿势、运动等信息。这种传感器主要有以下 3 个作用：在接触对象物前得到必要的信息，以便准备后续动作；发现前方障碍物时限制行程，避免碰撞；获取对象物表面各点间距离的信息，从而测出对象物表面形状。接近觉传感器主要有红外传感器、超声波传感器及碰撞和接触传感器等类型。

### 1. 红外传感器

红外传感器可用于测距和障碍物监测。机器人通过其内部安装的红外线发生装置发射红外线信号，当前方有障碍物时则会大量反射红外线信号，如果接收装置检测到红外信号，则说明前方有障碍物，反之则没有。红外报警器结构如图 4-6 所示。

图 4-6    红外报警器结构图

红外测距传感是用红外线为介质的测量系统，按照功能可分成 5 类：① 辐射计，用于辐射和光谱测量；② 搜索和跟踪系统，用于搜索和跟踪红外目标，确定其空间位置并对它的运动进行跟踪；③ 热成像系统，可产生整个目标红外辐射的分布图像；④ 红外测距和通信系统；⑤ 混合系统，是指以上各类系统中的两个或者多个的组合。按探测机理可分成为光子探测器和热探测器。红外传感技术已经在现代科技、国防和工业、农业等领域获得了广泛的应用。

红外测距传感器具有一对红外信号发射与接收二极管，利用的红外测距传感器 LDM301 发射出一束红外光，在照射到物体后形成一个反射的过程，反射到传感器后接收信号，然后利用 CCD 图像处理发射与接收的时间差数据，经信号处理器处理后计算出物体的距离。这不仅可以应用于自然表面，也可用于加了反射板的物体。其特点是测量距离远，有很高的频率响应，适合于恶劣的工业环境中。

红外测距传感器的特点：

（1）可进行远距离测量，在无反光板和反射率低的情况下能测量较远的距离。

（2）有同步输入端，可多个传感器同步测量。

（3）测量范围广，响应时间短。

（4）外形设计紧凑，易于安装，便于操作。

### 2. 超声波传感器

超声波是一种振动频率高于声波的机械波，由换能晶片在电压的激励下发生振动产生，它具有频率高、波长短、绕射现象小的特点，尤其是方向性好，能够成为射线而定向传播。人们能听到声音是由于物体振动产生的，它的频率在 20 Hz ~ 20 kHz 范围内，超过 20 kHz 的称为超声波，低于 20 Hz 的称为次声波。常用的超声波频率为几十千赫兹到几十兆赫兹。超声波对液体、固体的穿透本领很大，尤其是在不透明的固体中，它可穿透几十米的深度。超声波碰到杂质或分界面会产生显著反射形成反射回波，碰到活动物体会产生多普勒效应。

超声波传感器是利用超声波的特性研制而成的传感器。超声波传感器在短距离测量时，超声波散射角大方向性较差、精度不高，但它测距范围广，特别是在较长距离的测量中更能发挥作用。因此，一般把它用于移动机器人的路径探测和躲避障碍物。超声波传感器由发送传感器（或称波发送器）、接收传感器（或称波接收器）、控制部分与电源部分组成。发送器传感器由发送器与使用直径为 15 mm 左右的陶瓷振子的换能器组成，换能器作用是将陶瓷振子的电振动能量转换成超声波能量并向空中幅射；而接收传感器由陶瓷振子换能器与放大电路组成，换能器接收波产生机械振动，将其变换成电能量，作为传感器接收器的输出，从而对超声波进行检测。而实际使用中，用发送传感器的陶瓷振子的也可以用作接收器传感器的陶瓷振子。控制部分主要对发送器发出的脉冲链频率、占空比及稀疏调制和计数及探测距离等进行控制。图 4-7 为某超声波传感器的工作原理。

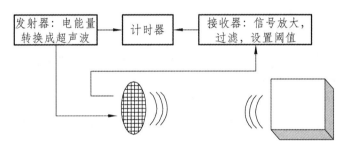

图 4-7　超声波传感器工作原理

超声波传感器测距的原理一般采用渡越时间法（Time of Flight，ToF）。首先测出超声波从发射到遇到障碍物返回的时间，再乘以超声波的速度就得到二倍声源与障碍物之间的距离，即：

$$L = \frac{v \times t}{2}$$

其中 $L$ 为障碍物距离传感器的距离，$v$ 为超声波波速，$t$ 为超声波从发射到反射回接收器的时间间隔。空气中声波的传输速度为

$$v = v_0 \sqrt{1 + T/273}$$

其中 $T$ 为绝对温度，$v_0 = 331.4$ m/s。在精度要求不是很高的一般情况下超声波在空气中的传播速度可以近似为常数。

### 3. 接触和碰撞传感器

接触和碰撞传感器是用于机器人中模仿触觉功能的传感器。触觉是人与外界环境直接接触时的重要感觉功能，研制满足要求的触觉传感器是机器人发展中的技术关键之一。随着微电子技术的发展和各种有机材料的出现，已经提出了多种多样的触觉传感器研制方案，但目前大都属于实验室阶段，达到产品化的不多。触觉传感器按功能大致可分为接触觉传感器、力-力矩觉传感器、压觉传感器和滑觉传感器等。

1）接触觉传感器

接触觉传感器是用以判断机器人（主要指四肢）是否接触到外界物体或测量被接触物体的特征的传感器。接触觉传感器有微动开关、导电橡胶、含碳海绵、碳素纤维、气动复位式装置等类型。

（1）微动开关：由弹簧和触头构成。触头接触外界物体后离开基板，造成信号通路断开，从而测到与外界物体的接触。这种常闭式（未接触时一直接通）微动开关的优点是使用方便、结构简单，缺点是易产生机械振荡和触头易氧化。

（2）导电橡胶式：以导电橡胶为敏感元件。当触头接触外界物体受压后，压迫导电橡胶，使它的电阻发生改变，从而使流经导电橡胶的电流发生变化。这种传感器的缺点是由于导电橡胶的材料配方存在差异，出现的漂移和滞后特性也不一致，优点是具有柔性。

（3）含碳海绵式：在基板上装有海绵构成的弹性体，在海绵中按阵列布以含碳海绵（见图4-8）。接触物体受压后，含碳海绵的电阻减小，测量流经含碳海绵电流的大小，可确定受压程度。这种传感器也可用作压力觉传感器。优点是结构简单、弹性好、使用方便。缺点是碳素分布均匀性直接影响测量结果和受压后恢复能力较差。

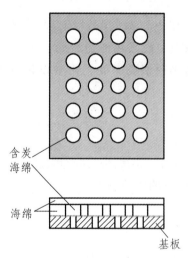

含炭
海绵

海绵

基板

图 4-8 含碳海绵式接触觉传感器

（4）碳素纤维式：以碳素纤维为上表层，下表层为基板，中间装以氨基甲酸酯和金属电极。接触外界物体时碳素纤维受压与电极接触导电。优点是柔性好，可装于机械手臂曲面处，但滞后较大。

（5）气动复位式：它有柔性绝缘表面，受压时变形，脱离接触时则由压缩空气作为复位的动力。与外界物体接触时其内部的弹性圆泡（铍铜箔）与下部触点接触而导电。优点是柔性好、可靠性高，但需要压缩空气源。

2）力-力矩觉传感器

力-力矩觉传感器是用于测量机器人自身或与外界相互作用而产生的力或力矩的传感器。它通常装在机器人各关节处。刚体在空间的运动可以用 6 个坐标来描述，例如：用表示刚体质心位置的三个直角坐标和分别绕三个直角坐标轴旋转的角度坐标来描述。可以用多种结构的弹性敏感元件来测量机器人关节所受的 6 个自由度的力或力矩，再由粘贴其上的应变片（半导体应变计、电阻应变计）将力或力矩的各个分量转换为相应的电信号。常用弹性敏感元件的形式有十字交叉式、三根竖立弹性梁式和八根弹性梁的横竖混合结构等。图 4-9 中为竖梁式 6 自由度力传感器的原理。在每根梁的内侧粘贴张力测量应变片，外侧粘贴剪切力测量应变片，从而构成 6 个自由度的力和力矩分量输出。

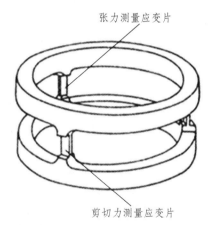

张力测量应变片

剪切力测量应变片

图 4-9　竖梁式六自由度力觉传感器

3）压觉传感器

压觉传感器是测量接触外界物体时所受压力和压力分布的传感器。它有助于机器人对接触对象的几何形状和硬度的识别。压觉传感器的敏感元件可由各类压敏材料制成，常用的有压敏导电橡胶、由碳纤维烧结而成的丝状碳素纤维片和绳状导电橡胶的排列面等。图 4-10 是以压敏导电橡胶为基本材料的压觉传感器。在导电橡胶上面附有柔性保护层，下部装有玻璃纤维保护环和金属电极。在外压力作用下，导电橡胶电阻发生变化，使基底电极电流发生相应变化，从而检测出与压力成一定关系的电信号及压力分布情况。通过改变导电橡胶的渗入成分可控制电阻的大小，如渗入石墨可加大电阻，渗入碳、镍可减小电阻。通过合理选材和加工可制成高密度分布式压觉传感器。这种传感器可以测量细微的压力分布及其变化，故有人称之为"人工皮肤"或"电子皮肤"。

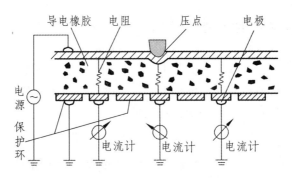

图 4-10　高密度分布式压觉传感器

4）滑觉传感器

滑觉传感器用于判断和测量机器人抓握或搬运物体时，物体所产生的滑移。它实际上是一种位移传感器。按有无滑动方向检测功能可分为无方向性、单方向性和全方向性三类。

（1）无方向性传感器有探针耳机式，它由蓝宝石探针、金属缓冲器、压电罗谢尔盐晶体和橡胶缓冲器组成。滑动时探针产生振动，由罗谢尔盐转换为相应的电信号。缓冲器的作用是减小噪声。

（2）单方向性传感器有滚筒光电式，被抓物体的滑移使滚筒转动，导致光敏二极管接收到透过码盘（装在滚筒的圆面上）的光信号，通过滚筒的转角信号而测出物体的滑动。

（3）全方向性传感器采用表面包有绝缘材料并构成经纬分布的导电与不导电区的金属球构成（见图 4-11）。当传感器接触物体并产生滑动时，球发生转动，使球面上的导电与不导电区交替接触电极，从而产生通断信号，通过对通断信号的计数和判断可测出滑移的大小和方向。这种传感器的制作工艺要求较高。

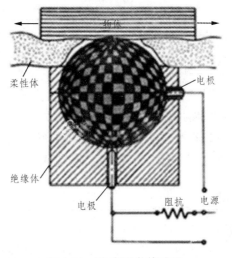

图 4.11　球式滑觉传感器

## 4.2.6 服务机器人的其他传感器

### 1. 姿态传感器

航姿参考系统（Attitude Heading Reference System, AHRS）是基于 MEMS 技术的高性能三维运动姿态测量系统。它包含三轴陀螺仪、三轴加速度计（即 IMU），三轴电子罗盘等辅助运动传感器，通过内嵌的低功耗 ARM 处理器输出校准过的角速度、加速度、磁数据等，通过基于四元数的传感器数据算法进行运动姿态测量，实时输出以四元数、欧拉角等表示的零漂移三维姿态数据。

### 2. 角速度传感器

角度传感器是一种感知被载体角度变化的传感器件，角速度传感器能够测量转动体的转角变化，单纯传感器不能测量加速度，要通过二次仪表将转角的变化进行处理并显示出来才能完成测量。

角度传感器的种类很多，主要可分为三大类：机械式、磁电式和光学式。机械式角度传感器有测角仪，多齿分度盘等；磁电式传感器包括电位计式、霍尔式、电感式、磁敏电阻式、磁栅式、电涡流式、电容式等；光学式传感器包括光栅式、光纤式、激光式、光电编码盘等。机械式传感器精度有限，无电信号输出；光学传感器结构复杂，成本昂贵，测量角度小；磁电式传感器结构紧凑，精度较高，测量输出一般为电信号，易被后级电路调制处理。表 4-2 给出了几种常用角位移传感器的性能对比。在阀门领域，近年来磁电式角度传感器的发展较快，其他种类的精密角度传感器也得到了一定应用。

表 4-2 几种主要角度传感器及性能

| 类型 | 量程（°） | 线性度（%FSO） | 误差（%） | 特 点 |
|---|---|---|---|---|
| 电位计式 | <21600 | <±0.1 | <±0.5 | 结构简单，量程大，分辨率有限，噪声大 |
| 差动电容式 | <±70 | <±0.1 | <±0.005 | 动态特性好，灵敏度和分辨率高，温漂严重 |
| 差动电感式 | <±10 | <±0.5 | <±0.5 | 结构紧凑，分辨率高，环境影响小，频响低 |
| 电涡流式 | <±1 | <±1 | <±1 | 结构紧凑，灵海度高，频响高，量程小 |
| 霍尔式 | <±55 | <±1 | | 结构简单，分辨率高，输出特性与被检场变化无关 |
| 磁敏电阻式 | <±30 | <±0.5 | <±0.004 | 频响高，灵敏度和分辨率高，温漂严重 |
| 光电编码盘式 | <±180 | | <±0.1 | 分辨率高，准确度高，可靠性高，控制电路复杂 |
| 光栅式 | <±180 | | <±0.002 | 准确度高，易数字化，对环境要求较高 |

1）基于磁敏元件的角度传感器

磁敏元件对磁场敏感，能够将磁场方向或强度的变化转化为对应的电信号。只要阀芯转动能够引起磁场变化，就可以应用磁敏元件设计角度变送器。磁敏元件主要包括霍耳元件和磁敏电阻两大类，图 4-12 所示为一外置式霍耳角度传感器，由德国 ITT 公司的 Alexandi 区设计，主要包括扼铁、永磁体和霍尔元件几部分。永磁体的外周切成圆弧形，与扼铁的弧状部分形成一均匀的工作气隙。扼铁由软磁材料制成，引导永磁体产生的工作磁通通过霍尔元件形成闭合回路。如果不使用整块永磁体，可以采用软磁材料将小块永磁体的磁通引至工作气隙。当永磁体绕中心轴由图示位置转动后，漏磁通增加，通过霍尔元件的磁场强度变小，输出电信号随转角成比例变化。该型传感器能够通过非导磁材料将扼铁改造成闭合形式，使永磁体和霍尔元件相互隔离，成为耐高压型。不过由于软磁扼铁的存在，该传感器工作时会有一个附加的回复力矩，对测量造成不利影响。此外，永磁体的时效效应和褪磁效应也会降低传感器的检测精度。

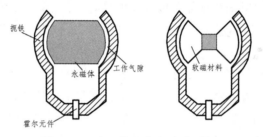

图 4-12　外置式霍尔角度传感器

只要选择合适的永磁体结构，霍尔元件也可以被安装在永磁体内部。图 4-13 所示为 Pecheny 设计的内嵌式霍尔角度传感器，主要由永磁体、扼铁、短路环和霍尔元件几部分组成。径向充磁的永磁体呈环形，固定在保持架上。两片扇形扼铁嵌入永磁体的内环，形成一均匀的环形工作气隙，霍尔元件被安装在扼铁之间。短路环由软磁材料制成，环绕永磁体的外周以减少漏磁损耗。当永磁体随转轴旋转时，扼铁之间气隙内的磁场大小和方向都发生变化，使霍尔元件输出与转角成比例的电信号。环状结构的永磁体内侧的磁场比较均匀，有利于提高传感器的量程，该传感器的线性工作区间较大，优于外置式传感器。不过环形永磁体只能采用钕铁硼等稀土永磁材料制作，存在材料特性的稳定性问题，而外置式霍尔角度传感器的永磁体可以由铝镍钴制作，工作稳定性好。

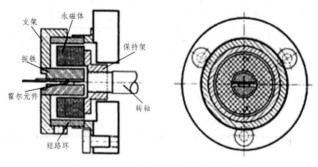

图 4-13　内嵌式霍尔角度传感器

　　磁敏电阻式角度传感器的一个实例如图 4-14 所示，它由 Tbmczak 设计，主要包括永磁体、磁敏电阻、转轴、支架几部分。两支架固定在转轴上，它们之间相互平行，且与转轴中心轴成一斜角，每个支架上各嵌有一块矩形永磁体，磁敏电阻则放置在两块永磁体之间。当转轴旋转时，永磁体与磁敏电阻之间的间距发生变化，引起磁场改变，磁敏电阻随之输出成比例的电信号。

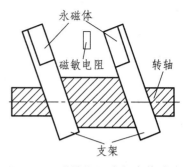

图 4-14　磁敏电阻式角度传感器

　　2）电感式角度传感器

　　电感式角度传感器是利用感应线圈的自感或互感的变化来实现角度测量的一种装置，图 4-15 介绍了它的一个实现方案，由 Takahashi 设计，主要由感应线圈、转子、线圈骨架和转轴组成。半圆形转子由软磁材料制成，固联在转轴上，可绕转轴中心轴旋转。圆筒状骨架由尼龙材料制成，外侧开有环形凹槽，以容纳感应线圈。当感应线圈通入交流电后，左侧线圈电感达到最大值，右侧达到最小值。转轴转动后，左侧线圈电感逐渐减小，右侧逐渐增大，当转子转过 180° 后，左侧取最小值，右侧取最大值。在行程的两端，由于结构非线性等因素的影响，存在饱和区段，在实际使用中应该避开这一区域。该传感器采用双线圈差动布置方式，能够有效抑制温漂，不过由于软磁材料交流损耗的影响，传感器的工作带宽较低。

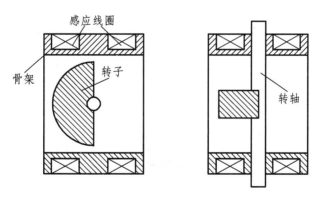

图 4-15　差动电感式角度传感器

　　旋转变压器式角度传感器（Rotary Variable Differential Transformer, RVDT）是电感式角度传感器的一种，与线性可变差动变压器（LVDT）类似，RVDT 利用传感器一次线圈和二次线圈之间互感的变化实现角度测量，具有线性好、量程大的特点；不过由于磁路中铁心材料的磁滞与涡流损耗，使其频率响应较低，一般在 200 Hz 以内。

　　3）短路环式角度传感器

　　短路环式角度传感器如图 4-16 所示。该角度传感器由 Kodak 公司的 Orlicki 设计，主要包括短路环、感应线圈、定子和转子几部分。由高电导率材料（铜）制成的短路环，分别固定在传感器定子和转子上。短路环截面呈半圆凹形，由两个半圆环弯折而成。半圆环 1 跨接在定子或转子的外圆周上，半圆环 2 则直接面对感应线圈放置，两个半圆环之间具有一个大于线圈宽度的轴向间距。当感应线圈通入交流电后，线圈磁通在短路环内感生出电涡流，阻碍线圈磁通的变化，而半圆环 1 路径中的电涡流对线圈磁通没有影响。当转子旋转时，感应线圈圆周范围内被涡流影响的区域面积发生变化，引起线圈阻抗改变，由此实现角度测量。在图 4-17 所示位置，线圈感抗达到最大值，此时定、转子上的半圆环 2 正好相对，短路环磁通对线性磁通的影响范围最小。转子转过 180°后，线圈磁通变化完全被短路环涡流磁通所阻碍，线圈感抗达到最小值。该角度传感器基于电涡流效应工作，工作频宽大于一般的电感式传感器，不过定、转子处的漏磁较严重，工作效率较低。利用硅钢片叠制方式制作定子和转子，可以提高磁通利用率，不过也会损失一部分传感器带宽。此外，单线圈工作方式使该传感器的工作稳定性不及 RVDT。

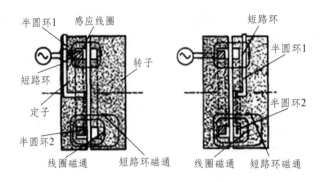

图 4-16　短路环式角度传感器工作原理示意图

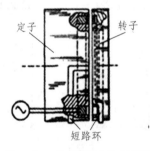

图 4-17　传感器结构示意图

4）电容式角度传感器

电容式角度传感器由 Brasseur 设计，主要由定子 1、定子 2、转子和转轴组成，如图 4-18 所示。定子 1 为圆形，由 4 组对称分布的金属发射极组成，发射极之间相互绝缘。两个径向对称分布的扇形金属叶片组成转子，固定在转轴上，扇形叶片的面积为整圆的 1/4。接收极和隔离环也由金属或其他高电导率材料制成，它们之间相互绝缘，共同组成圆形定子 2。隔离环能对外界电磁干扰起屏蔽作用，有利于接收极电荷量的准确测量。传感器工作流程如图 4-19 所示，信号发生器输出特定相序和脉宽的方波电压信号分别给四组发射极，当转子旋转时，发射极电势使接收极电荷量随转子转角变化。放大器将电荷量转化成电压后输出给隔离单元，再经信号处理单元处理后就可得到成比例的转角输出量。该电容式角度传感器响应快，分辨率高（±0.02%），机械结构简单紧凑，能在高温、高湿环境下工作，性能稳定，可靠性高；不过激励和检测电路的复杂性限制了其在液压转阀上的应用。

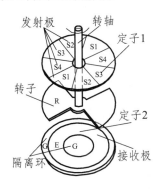

图 4-18　电容式角度传感器结构示意图

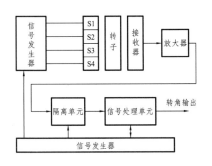

图 4-19　传感器工作流程图

5）电涡流式角度传感器

电涡流式该类型角度传感器基于电涡流效应工作，图 4-20 所示为一个实例，由 Schoiack 设计，主要由偏心转子和感应线圈组成。圆柱形转子由铜制成，以偏心方式安装在转轴上。当感应线圈通入交流电后，线圈磁场在转子表面感生出电涡流，抵抗线圈激励磁场的变化。当偏心转子顺时针旋转时，左侧线圈的工作气隙增大，线圈感抗相应增大，右侧线圈的感抗则随气隙的减小而减小；当转子逆时针旋转时，结果相反。该涡流传感器的工作原理使其具有很高的工作带宽，并且由于线圈工作在差动方式，温度稳定性好。不过该类型传感器测量量程较小，并且不具备耐高压能力，不能直接用于转阀阀芯的位置检测。

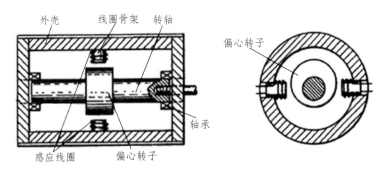

图 4-20　电涡流式角度传感器

6）耐高压光电式角度传感

耐高压光电式角度传感器是对传统光电编码器的结构改进，使其能够在高压场合下工作，以满足液压领域使用的要求。它由 Bosch 公司的 Hurst 设计制，结构如图 4-21 所示，主要由主动转子、随动转子、永磁体、光电编码盘和耐压壳体组成。沿同一半径方向充磁的圆柱形永磁体分别固定在主动转子和随动转子上，4 块永磁体极面相对，在主动转子和随动转子之间形成工作气隙，以安装耐压壳体。磁通通过永磁体、耐压壳体、主动转子、随动转子，形成完整的闭合路径。光电编码盘则安装在随动转子上，通过光源及后续电路可将随动转子的转角以电信号输出。当主动转子旋转时，随动转子在永久磁通作用下随之旋转，通过光电编码器即可间接测得主动转子的转角。该角度传感器分辨率高，准确性好。此外，由于耐压壳体的隔离作用，主动转子侧的高压将不会影响到随动转子部分，使传感器具有耐高压能力。不过由于随动转子转动惯量的影响，传感器存在滞后效应，工作频宽低，仅可用于稳态和似稳态转角测量。

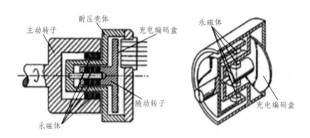

图 4-21　耐高压光电式角度传感器

### 3. 光电编码器

光电编码器是一种通过光电转换将输出轴上的机械几何位移量转换成脉冲或数字量的传感器。光电编码器旋转一周的脉冲数为 256/512/1024/2048。光电编码器为五线制，其中两根为电源线，三根为脉冲线（A 相、B 相、Z 相）。电源的工作电压为+5～+24 V 直流电源。光电编码器由光栅盘和光电检测装置组成。光栅盘是在一定直径的圆板上等分地开通若干个长方形孔。由于光电码盘与电动机同轴，电动机旋转时，光栅盘与电动机同速旋转，经发光二极管等电子元件组成的检测装置检测输出若干脉冲信号；通过计算每秒光电编码器输出脉冲的个数就能反映当前电动机的转速（见图 4-22）。

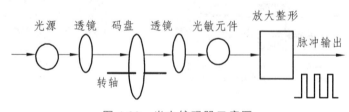

图 4-22　光电编码器示意图

此外，为判定旋转方向，码盘还可提供相位相差 90°的两路脉冲信号。当光电编码器的轴转动时，A、B 两根线都产生脉冲输出，A、B 两相脉冲相差 90°相位角，由此可测出光电编码器转动方向与电机转速。假如 A 相脉冲比 B 相脉冲超前，则光电编码器为正转；否则为反转。Z 线为零脉冲线，光电编码器每转一圈产生一个脉冲，主要用作计数。A 线用来测量脉冲个数，B 线与 A 线配合可测量出转动方向。

设 $N$ 为电机转速

$$\Delta n = ND_{测} - ND_{理}$$

例如：车的速度为 1.5 m/s，轮子的直径 220 mm，$C = D\pi$，电机控制在 21.7 r/s，根据伺服系统的指标，设电机转速为 1 500 r/min，故可求得当 $ND = 21.7 \times 60 = 130$ r/min 时，光码盘每秒钟输出的脉冲数为

$$PD = 130 \times 600/60 = 1\ 300（个）$$

当测出的脉冲个数与计算出的标准值有偏差时，可根据电压与脉冲个数的对应关系计算出输出给伺服系统的增量电压 $\Delta U$，经过 D/A 转换，再计算出增量脉冲个数。一般运行时间越长、路线越长，离我们预制的路线偏离就越多。这时系统启动位置环，通过不断丈量光电编码器每秒钟输出的脉冲个数，并与标准值 $PD$（理想值）进行比较，计算出增量 $\Delta P$ 并将之转换成对应的数字输出量，通过控制器减少输入电机的脉冲个数，迫使电机转速降下来，当测出的 $\Delta P$ 近似为零时停止调节，这样可将电机转速始终控制在理想的范围内。

### 4. 光敏传感器

1）光敏传感器的工作原理及结构

利用光敏元件将光信号转换为电信号的传感器，它的敏感波长在可见光波长附近，包括红外线波长和紫外线波长。光传感器不只局限于对光的探测，它还可以作为探测元件组成其他传感器，对许多非电量进行检测，只要将这些非电量转换为光信号的变化即可。

图 4-23 为光敏电阻结构，在玻璃底板上均匀地涂上薄薄的一层半导体物质，半导体的两端装上金属电极，使电极与半导体层可靠地点接触，然后，将它们压入塑料封装体内。为了防止周围介质的污染，在半导体光敏层上覆盖一层漆膜，漆膜成分的选择应该使它在光敏层最敏感的波长范围内射率最大。光敏电阻一般为半导体材料。

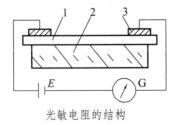

光敏电阻的结构

图 4-23　光敏电阻结构示意图
1—电极；2—玻璃底板；3—半导体

2）电路分析

图 4-24 为光敏电阻工作原理图。把光敏电阻连接到外接电路中。在外加电压的作用下，用光照射可改变电路中电流的大小。光敏电阻在受到光的照射时，其导电性能增强，电阻值下降，流过光敏负载电阻 $R_L$ 的电流及其两端电压也随之变化（见图 4-25）。

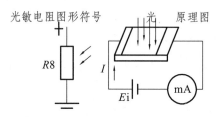

图 4-24　光敏电阻工作原理示意图

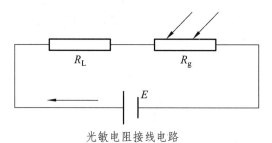

图 4-25　光敏电阻工作电路图

3）光敏传感器实际应用

图 4-26 为光敏感器在声光控开关中的实际应用框图。声光控开关节能灯电路由电源电路、声控电路、光控电路、延时电子开关电路四大部分组成。

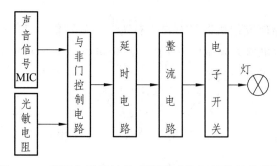

图 4-26　实际应用光敏传感器声光控开关的结构框图

（1）电源电路。电源电路是给电路提供能源的设备，其作用是给电路提供电源，使电路能正常工作。常用的电路有：半波整流、全波整流、桥式整流，而常用的电源电路使用的是以桥式整流电路为主要部分的电路。

（2）声控电路。声控电路是用声音控制电路的设备，其作用是把送入的声波转换为电信号，从而用这种信号去控制所需要的电器设备。常用的电路有：小信号放大电路、声波控制电路等。而常用的声控电路使用的是以声波控制电路为主要部分的电路。

（3）光控电路。光控电路是用外来的光源来控制电路的设备。其作用是把外来的光源转换电信号，从而用这种信号去控制所需要的电器设备。

（4）延时电子开关电路。在楼道、建筑走廊、洗漱室、厕所、厂房、庭院等场所，往往需要一些照明系统。一般的照明不能做到人走灯灭，这样就造成了资源浪费。一般的声光控虽然解决了这个问题，但是在特殊情况下仍有不能满足需求的时候，可以通过集声控、光控和延时技术为一体的自动照明开关，打造理想的新颖绿色照明开关。

## 4.3  多传感器系统与信息融合

多传感器信息融合技术的基本原理：充分利用多个传感器资源，通过对各种传感器及其观测信息的合理支配和使用，将各种传感器在空间和时间上的互补与冗余信息依据某种优化准则组合起来，产生对观测环境的一致性解释和描述。多传感器信息融合技术按照数据的抽象层次分类可分为数据层融合、特征层融合和决策层融合。

## 4.4  服务机器人与人工智能

人工智能通常指研究使机器具有自主行为且能够智能行动的科学，简写为 AI。目前，人工智能已经在机器人领域广泛采用，一般可以称之为人工智能机器人学。服务机器人通常工作在家庭及办公场所，这决定了服务机器人需要与人广泛接触，需要能够理解使用者或服务对象的指令或意图。具有人工智能的机器人，我们只需告诉它做什么，不用告诉它怎么去做。机器人通过各种类型的传感器获得感知功能，如视觉、听觉、嗅觉、触觉、滑觉、力觉等。

智能机器人具有类似于人的智能，它装备了高灵敏度的传感器，因而具有超过一般人的视觉、听觉、嗅觉、触觉的能力，能对感知的信息进行分析，控制自己的行为，处理环境发生的变化，完成交给的各种复杂、困难的任务，而且有自我学习、归纳、总结、提高已掌握知识的能力。目前研制的智能机器人大都只具有部分智能，和真正意义上的智能机器人还差得很远。

# 4.5 本章小结

智能感知系统是服务机器人不可或缺的组成部分,对机器人具有自主行为及智能功能起到决定性的作用。服务机器人智能感知系统由不种类型的传感器、测量电路、控制系统、数据处理系统等部分构成。传感器是有获取自身及周围环境信息、接收指令等功能,而其他部分则主要起到数据传输、处理等作用。

## 习 题

1. 什么是智能感知系统? 服务机器人的智能感知系统由哪几部分构成?
2. 服务机器人主要需要哪些类型的传感器?
3. 什么是人工智能? 人工智能在服务机器人中的作用是什么?

# 第二部分　典型的服务机器人及其应用

## 第5章　个人/家用服务机器人

## 5.1　概　况

机器人技术作为 20 世纪人类最伟大的发明之一，自 60 年代初问世以来，经历 50 余年的发展已取得长足的进步。进入 21 世纪，机器人已逐步由应用于生产领域的工业机器人，扩展到社会生活的方方面面，派生出种类繁多的个人及家用服务机器人。目前，工业机器人已逐渐走向成熟，而服务机器人正方兴未艾，发展空间巨大。随着各个国家老龄化越来越严重，更多的老人需要照顾，社会保障和服务的需求也更加紧迫，老龄化的家庭结构必然使更多的年轻家庭压力增大；而且生活节奏的加快和工作的压力，也使得年轻人没有更多时间陪伴自己的孩子，随之酝酿而生的将是广阔的家庭服务及个人娱乐机器人市场。服务机器人将更加广泛地代替人从事各种社会服务及生产作业，使人类从繁重的、重复单调的、有害健康和危险的劳动中解放出来。

### 5.1.1　定义及特点

个人/家用服务机器人是机器人家族中的一个年轻成员，是为人类服务的能够代替人完成家庭及个人服务工作的机器人，一般应包括行进装置、感知系统、信息处理系统、控制系统、执行装置、存储装置、交互装置与服务功能装置等。感知系统将在家庭居住环境内感知到的信息传送给控制系统，控制系统的指令执行装置做出响应，并执行防盗监测、安全检查、清洁卫生、物品搬运、家电控制、家庭娱乐、病况监视、儿童教育、报时催醒、家用统计等工作。按照应用范围和用途的不同，个人/家用服务机器人分为不同类型，除了诊断机器人、护理机器人、康复机器人等医用机器人外，还包括各种娱乐机器人、体育机器人、玩具机器人、导游机器人、保安机器人、排险机器人、清洁机器人及秘书机器人等。随着开发研究的进一步开展和价格的大幅度下降，服务机器人将广泛进入医院、家庭、工地、办公室和体育娱乐场馆，直接与人类共处，为人类排忧解难。

家用服务机器人主要工作在家庭及办公环境，需要识别的物品多种多样，外形、颜色都有一定的差异。因此，服务机器人通常应具有智能化、交互性、综合性、适应性的特点，能够针对特定对象完成有益于人类的服务工作。个人及家用服务机器人不仅需要能自主完成工作，而且还需要能与人共同协作完成任务或在人的指导下完成任务。

### 5.1.2 发展概况

从 20 世纪 80 年代中期开始，服务机器人逐步从工厂的结构化环境进入医院、办公室、家庭等日常生活环境，特别是最近几年，在清洁地面、割草或充当导游、保姆和安保等方面取得了显著进步。

我国非常重视对服务机器人的研究，1986 年 3 月就把研究、开发智能机器人的内容列入国家 863 高科技发展规划中，20 多年来，在个人及服务机器人领域取得了可喜成绩。目前，我国服务机器人研究技术已跨入世界先进行列，但与日本、美国等国家相比还有一定的差距。2006 年由中国科学院自动化研究所先进机器人研究中心研制出我国首台具有国际一流语音交互水平和复杂动作及智能运动控制水平的"美女机器人"，如图 5-1 所示。这款"美女机器人"能够根据工作人员说出的指令，完成相应的动作，能讲英语、四川方言，能唱歌、讲笑话，能与游客进行语音聊天和知识问答，能自动识别途中碰到的障碍物并做语音提示。2009 年，由北京理工大学、中科院沈阳自动化所、兵器工业集团惠丰机械有限公司、中科院自动化所等多家单位共同研制成功了"汇童"仿人机器人，如图 5-2 所示。该仿人机器人具有视觉、语音对话、力觉、平衡觉等功能，在国际上首次实现了模仿太极拳、刀术等人类复杂动作。

图 5-1　美女机器人　　　　　图 5-2　"汇童"机器人

不但我国高度重视服务机器人的研究与应用，欧美国家也将机器人作为一个战略产业，给予了大力支持。日本在 2006 年至 2010 年间，每年投入 1000 万美元用于研发服务机器人。2009 年，由日本产业技术综合研究所智能系统研究部门仿人研究小组研制出的个性机器人保姆"ar"（见图 5-3），不仅会洗衣、打扫卫生，还会收拾餐具等多项家务杂活。它依靠车轮移动，共搭载有 5 台照相机以便确认家具的位置。2010 年，由日本产业技术综合研究所和大阪大学等共同研制出一台人形机器人。该机器人以年轻女性为原型，皮肤由硅胶制成，连接计算机的摄像头在识别出操作者后会指挥机器人做出同样的表情，如喜悦、悲伤等。该机器人会摇头和点头，还可以将操作者的声音转换成年轻女性的声音。2012 年，日本东京大学的 JSK 实验室为了研究肌肉组织的运动情况及其同骨骼的兼容性，制造了一台世界上最接近人体构造的人形机器人"Kenshiro"，如图 5-4 所示。Kenshiro 身上大约拥有 160 块主要的肌肉：每条腿有 25 块，每个肩膀有 6 块，躯干有 76 块而颈部有 22 块。不过其中大多数肌肉事实上反而会妨碍机器人的运动，这也是为什么其他人形机器人不完全按照人体结构设计的原因。同样重要的还有机器人的骨架。与前几款机器人不同，Kenshiro 的骨骼采用铝合金打造，比起塑料要结实不少。而他的膝关节有了膝盖骨和人造韧带的保护，甚至比人体自身的相同结构还要结实。

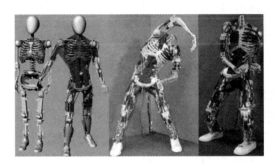

图 5-3　机器人保姆　　　　　　图 5-4　人形机器人"Kenshiro"

在机器人技术方面，美国在国际上仍一直处于领先地位，其技术先进、全面，适应性也很强，特别在智能机器人与服务机器人研究方面更是一枝独秀。2002 年，由美国 iRobot 公司在全球首次研发出吸尘机器人 Roomba，用于自动清扫和清除家庭中的各类垃圾、灰尘，是一款搭载了全球高级人工智能系统 iAdapt 技术的全自动化吸尘机器人。随后，该公司又研发出一款 Braava 擦地机器人，可提供干擦和湿擦两种模式供用户选择，超静音马达做到无声无息让地板变得洁净一新。其内置的 GPS 导航系统，可自动绘制房间地图，跟踪已清洁和待清洁的区域。它能自动沿着墙壁、地脚线和边缘清洁污垢和灰尘，碰到家具会自动回避，遇到楼梯和地毯，它干脆掉头就走。2013 年，iRobot 家用机器人全球销量突破 1 000 万台。2006 年，美国推出了专治中风的机器人医生，如图 5-5 所示。这种机器人头部是一个显示屏，能显示网络另一端医生的形象和声音，显示屏上方安装了一个摄像头，可以把医院现场的图像和声音传回给医生，有了这种机器人，医生在任何地方只要利用一台笔记本式计算机和互联网，就可以远程遥控机器人为病人提供治疗服务。2009 年，美国军方为战争中下半身受伤而不能行走的士兵设计出了一款新型助残机器人，如图 5-6 所示，它可以直接将用户的下半身紧紧围拢起来，以便更好地感知用户臀部或其他位置的运动，从而提供更加灵敏的操控。

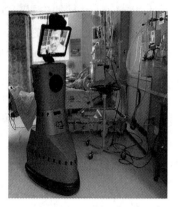

图 5-5　机器人医生　　　　　　　　图 5-6　助残机器人

　　德国在服务机器人的研究和应用方面在世界上处于公认的领先地位。新一代机器人保姆 Care-O-Bot3，如图 5-7 所示，全身遍布不计其数的传感器、立体彩色照相机、激光扫描仪和三维立体摄像头，让它既能识别生活用品也能避免误伤主人。它还具有声控或手势控制的自我学习能力，能听懂语音命令和看懂手势命令。法国不仅在机器人拥有量上居世界前列，而且在机器人应用水平和应用范围上处世界先进水平，这主要归功于法国政府一开始就比较重视机器人技术，大力支持服务机器人研究计划，并且建立起一个完整的科学技术体系，特别是把重点放在开展机器人的应用研究上。法国阿德巴兰机器人公司研制的双足智能 NAO 机器人，如图 5-8 所示，具有讨人喜欢的外形、温柔的语音和 25 个灵活的关节，能执行多种动作指令。英国机器人研究公司（RM）开发的霹雳舞机器人 MechRC，如图 5-9 所示，既能在课堂上大显身手，帮助孩子们学习数学、几何、物理、设计和工程学，又能跳舞。因为这个机器人身上有着多个灵活的关节，通过计算机设定好的程序，能做出各种人类的舞蹈动作。

图 5-7　机器人 Care-O-Bot3　　图 5-8　机器人 NAO　　图 5-9　霹雳舞机器人

　　服务机器人技术发展主要趋势为智能化、标准化、网络化。具体表现在三个方面：① 由简单机电一体化装备向机电一体化和多传感器智能化等方面发展；② 由单一作业，向服务机器人与信息网络相结合的虚拟交互、远程操作和网络服务等方面发展；③ 由单一复杂系统向将其核心技术、核心模块嵌入于高端制造等相关装备方面发展。另外,服务机器人的市场化要求家庭化、模块化、产业化成为未来服务机器人应用发展的趋势。服务机器人技术越来越向智能机器技术与系统方向发展，其应用领域向助老助残、个人娱乐、家用服务、特种服务等方面扩展，在学科发展上与机电一体化理论与技术、纳米制造、生物制造等学科进行交叉创新，研究的科学问题包含新材料、新感知、新控制和新认知等方面。而涉及服务机器人的需求与创新、产业、服务及安全之间的辩证关系依然是其发展的核心原动力与约束力。服务机器人作为一个具有巨大社会关注度的、特色鲜明的典型高新技术，是 21 世纪高技术制造业与现代服务业的重要组成部分，也是我国高科技产业发展的一次重大机遇，对于提升国家核心竞争力具有重要战略意义。

## 5.2　家政服务机器人

### 5.2.1　结构组成及共性技术

机器人技术是多种技术的集成，它的进步取决于其他领域的发展，特别是计算机、信息处理、传感器和驱动器、通信和网络等。家政服务机器人通常包括以下几个部分：① 用于移动的行进装置，该部分主要由直流伺服电机、减速箱、驱动轮、导向轮、驱动电路等组成；② 智能感知系统，该系统能够自主完成周围环境及人脸的识别、声音识别、障碍物检测、危险气体检测，以及距离、位置与方向的测量等；③ 具备特定功能的工作系统，如防盗监测、安全检查、物品搬运、家电控制、清洁卫生、家庭娱乐、病况监视、儿童教育、报时催醒和开支管理等系统；④ 机器人自身的控制管理系统。

家用服务机器人共性技术主要包括以下方面。

#### 1. 自主移动机器人平台技术

大量服务机器人通过自主移动机构实现在室内环境下的运动，尽管因其服务功能不同而需要在移动平台上配置不同的辅助机构，但自主移动机器人通常可以作为相当一部分家用服务机器人的基础平台。在这类平台上存在一些共性问题，如控制器、驱动器和传感器的标准化问题、机器人操作系统的实时性问题、机器人内部通信总线的抗干扰性题、机器人的集成开发环境问题等。在集成上述关键技术问题的基础上，若研究开发开放式和标准化的移动机器人硬件和软件平台，可以为服务机器人提供直接有效的运动部件，适应对不同服务机器人的柔性需求。

## 2. 机构与驱动

家用服务机器人在不同的作业环境下工作，需要不同类型的移动机构和作业机构。机器人的执行机构和驱动机构将朝着微型化和一体化的方向发展。开发具有真正操作能力的机器人，必须解决服务机器人的移动机构和作业机构对家庭环境和不同作业任务的适应性问题。例如，学术界一直热衷于双足机器人、仿人型操作臂和灵巧手的开发，虽然日本、韩国和欧盟都已经开发出高水平的样机，但是由于其机构和驱动系统的高昂成本和有限功能，这些样机目前还仅仅停留在实验室阶段。

## 3. 感知技术

传感器是服务机器人的关键部件，是其对环境做出准确、及时反映的信息基础。针对家用服务机器人对获取周围感知信息的需求，开发物美价廉的适合在家庭环境中使用的（包括对人体安全的）传感器模块，是服务机器人真正以低成本进入普通百姓家庭的必要条件。在家用机器人中，根据需要开发使用各种新型视觉系统和传感器件，以及对多个传感器信息的处理和融合，是家用机器人获得更准确、完整的环境信息、提高系统智能决策水平的关键。提高现有传感信息处理的实时性和对环境变化的健壮性也是一个富有挑战性的课题。除了传统的超声波、红外、视觉等传感器外，新型的触觉传感器、位姿传感器等智能传感器机器人感知技术是未来的发展方向。

## 4. 交互技术

家用机器人既然以服务为目的，就需要有更多、更方便、更自然的方式与人进行交互，这包括高层次的情感交互及低层次的力觉和触觉交互等。基于视觉和听觉的人机交互是该领域的发展方向，但其发展速度受制于当前语音理解与合成技术及计算机视觉技术的研究水平。交互技术的目标是赋予机器人以情感，把人与人之间要依靠语音和视觉交互的习惯，逐渐延伸到人与机器之间的交互中去。

## 5. 自主技术

家用机器人的应用环境通常是半结构化环境，其执行的任务复杂多样。因此，对于各种实用性的家用机器人来说，如何提高对变化环境和多种任务的适应性，提高自主服务能力，是一项关键技术。自主技术的目标是赋予机器人以思维，其主要包括：任务规划、环境创建与自定位、路径规划、实时导航、目标识别等。

## 6. 网络通信技术

网络通信技术与机器人技术的结合促进了机器人技术的发展，也给机器人技术提出了挑战。为弥补当前智能机器人系统发展的不成熟，通过网络实现操作者对机器人的计算机辅助遥控操作，是对智能机器人系统的一个很好补充。但这项技术也面临着一些挑战，如网络延时、丢包、乱序、透明度、临场感等。通过网络可以将机器人构成一个动态分布式系统。从机器人的角度看，这就提出了分布式导航定位、建模、协调控制等问题。

### 5.2.2　吸尘机器人

吸尘器是现代家庭中受到人们广泛喜爱的清洁用具，传统的清洁用具往往不能将家里的微细尘埃清扫干净，尘埃总是从一处转移到另一处，尤其是地毯、窗帘等处的灰尘就更难以清除，利用吸尘器来做清洁工作就无此弊端。吸尘器不但可以清洁地面，还可以用来清洁一般器具难以清洁的地方，如沙发、墙壁等。

吸尘机器人是一种智能的家庭清洁工具，利用真空吸力可以吸取灰尘和微粒，主要用途也是打扫房间的灰尘和污物，特别是墙角和床底等不易打扫的区域，吸尘机器人都可以打扫干净。吸尘机器人利用了超声波测距原理，通过向前进方向发射超声波脉冲，并接收相应的返回声波脉冲，对障碍物进行判断；与此同时，其自身携带的小型吸尘部件，对经过的地面进行必要的吸尘清扫。图 5-10 为美国 iRobot 公司开发的 Roomba56708 吸尘机器人，该机器人具有防缠绕、防跌落、定时清扫、自动返回充电、可以记住房间的布局以提高清扫效率等智能特性。

图 5-10　iRobot Roomba56708 型吸尘机器人

### 5.2.3　扫地机器人

扫地机器人是智能家用电器的一种，能凭借一定的人工智能，自动在房间内完成地板清理工作。一般采用刷扫和真空方式，将地面杂物先吸纳进入自身的垃圾收纳盒，从而完成地面清理的功能。一般来说，将完成清扫、吸尘、擦地工作的机器人，也统一归为扫地机器人。扫地机器人是基于现代家庭环境设计的新型地板、地毯清洁用具，使用可充电电池作为电源，集打扫、吸尘功能于一身（部分扫地机器人具备拖地功能），适用于写字楼、会议室、家庭等环境。

扫地机器人通常应包含工作环境及地面垃圾的识别系统、清洁系统及清洁方式、人机交互系统等几个部分。工作环境的识别是对房间大小的整体记录与扫描，通过对环境的熟悉，扫地机器人的微电脑会在内部形成房间的地图，其中包括房间大小，房间的家具及电器设备的位置等，然后通过天花板卫星定位系统，并根据当前的位置，制定相应的工作计划。对地面垃圾的识别一般通过红外感应，识别地板上垃圾的种类，然后决定是用吸还是用扫或是用擦的方式进行清理。

对于扫地机器人来说，可能会内置很多种清洁方式，如直线型、沿边打扫型、螺旋形、交叉打扫、重点打扫等，但针对不同的垃圾种类用哪种方式就需要微型计算机来决定。一般来说，微型计算机会根据感应到的垃圾种类、垃圾的数量等来决定需要的清洁方式。扫地机器人的另外一个重要的功能就是人机交互，不过这个功能还不成熟，所以应用得较少。不过，这个功能将是以后判断扫地机器人能否称得上机器人的关键。

清洁系统是扫地机器人的核心所在，主要分为单吸入式、中刷对夹式及升降 V 刷清扫式。单吸入式的清洁方式对地面的浮灰有用，但对桌子下面久积的灰尘及静电吸附的灰尘清洁效果不理想。中刷对夹式对大的颗粒物及地毯清洁效果较好，但对地面微尘处理稍差，比较适合欧洲全地毯的家居环境，对亚洲市场的大理石地板及木地板上的微尘清理较差。升降 V 刷清扫式以台湾机型为代表，它采用升降 V 刷浮动清洁，整个 V 刷系统可以自动升降，并在三角区域形成真空负压，可以更好地将扫刷系统贴合地面环境，相对来说对地面静电吸附灰尘清洁更加到位。

### 5.2.4　洗碗机器人

基本上，洗碗机器人就是一个清洗和冲刷脏碗碟的自动洗碗机。利用洗碗机器人，只需把碗碟放入洗碗机，添加洗涤剂，设定适当的洗碗周期，洗碗机就会自动完成一整套的工作。一台洗碗机器人应能完成以下操作：给自己注水，把水加热到适当的温度，在适当的时候自动打开洗涤剂添加装置，通过喷头射出水来清洗碗碟，排出污水，往碗碟上喷洒更多的水进行冲刷，自动加热来烘干碗碟。2008 年，由日本东京大学研究人员和乐声公司合作研制出一种家务助理机器人，能够帮助人们洗碗，它懂得先用水洗涤槽里的碗碟，然后把它们排放好放入洗碗碟机，启动洗碗程序。近期由日本松下和 IRT 研究院联合开发出一款洗碗机辅助机器人 KAR，如图 5-11 所示。KAR 是一种具有洗碗功能的机械臂，内置 5 种共 18 个传感器，前爪装配了防滑材料，可以牢牢抓住碗碟。

图 5-11　洗碗机辅助机器人 KAR

## 5.3　医护及手术机器人

### 5.3.1　手术机器人

手术机器人是一种替代人工手术的机器人手术系统，主要用于心脏外科、前列腺切除术等。外科医生借助手术机器人可以远离手术台操纵机器进行手术，完全不同于传统的手术概念，在世界微创外科领域是当之无愧的革命性外科手术工具。利用机器人做外科手术已日益普及，美国仅 2004 年一年，机器人就成功完成了从前列腺切除到心脏外科等各种外科手术 20 000 例。利用机器人做手术时，医生的双手不碰触患者。一旦切口位置被确定，装有照相机和其他外科工具的机械臂将实施切断、止血及缝合等动作，外科医生只需坐在通常是手术室的控制台上，观测和指导机械臂工作。微创手术中利用手术机器人可以实现对外科仪器前所未有的精准控制。到目前为止，这些机器人已经用于定位内窥镜、进行胆囊手术以及胃灼热和胃食管反流的矫治。2000 年 7 月 11 日，美国食品和药物管理局（FDA）批准了达芬奇手术系统（Da Vinci Surgical System）（见图5-12），使其成为美国第一个可在手术室使用的机器人系统。由 Intuitive Surgical 公司开发的达芬奇手术系统使用的技术使外科医生可以到达肉眼看不到的外科手术点，这样他们就可以比传统的外科手术更精确地进行工作。

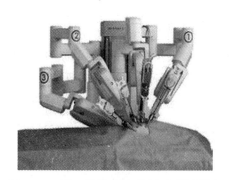

图 5-12　第二代达芬奇外科手术机器人

达芬奇系统由三个主要部件组成：

（1）外科医生控制台。主刀医生坐在控制台中，位于手术室无菌区之外，使用双手（操作两个主控制器）及脚（操作脚踏板）来控制器械和一个三维高清内窥镜。正如在立体目镜中看到的那样，手术器械尖端与外科医生的双手同步运动。

（2）床旁机械臂系统。床旁机械臂系统（patient cart）是外科手术机器人的操作部件，其主要功能是为器械臂和摄像臂提供支撑。助手医生在无菌区内的床旁机械臂系统边工作，负责更换器械和内窥镜，协助主刀医生完成手术。为了确保患者安全，助手医生比主刀医生对于床旁机械臂系统的运动具有更高优先控制权。

（3）成像系统。成像系统（video cart）内装有外科手术机器人的核心处理器以及图像处理设备，在手术过程中位于无菌区外，可由巡回护士操作，并可放置各类辅助手术设备。外科手术机器人的内窥镜为高分辨率三维（3D）镜头，对手术视野具有 10 倍以上的放大倍数，能为主刀医生带来患者体腔内三维立体高清影像，使主刀医生较普通腹腔镜手术更能把握操作距离，更能辨认解剖结构，提升了手术精确度。

外科手术机器人全部都是自动化的，这会最大限度地减少操作人员。未来，外科医生将使用外科手术机器人在遥远的地方进行远程手术。外科手术可能只需要一名外科医生、一名麻醉师及一到两名护士。在这个宽敞的手术室中，医生坐在手术室内或手术室外的计算机控制台前，使用手术机器人来完成以前需要很多人才能完成的手术。手术室中人员的减少，以及医生可以远距离对病人进行手术减少了医疗保健的费用。除了成本效益高之外，机器人手术还有比传统手术更优越之处，包括更加精确，以及减少病人创伤。

### 5.3.2 康复/护理机器人

康复机器人是工业机器人和医用机器人的结合，是医疗机器人的一个重要组成部分。20 世纪 80 年代是康复机器人研究的起步阶段，美国、英国和加拿大在康复机器人方面的研究处于世界的领先地位。1990 年以前，全球的 56 个康复机器人研究中心主要分布在北美、英联邦、加拿大、欧洲大陆和斯堪的纳维亚半岛及日本。1990 年以后，康复机器人的研究进入到全面发展时期。目前，康复机器人的应用主要集中在康复机械手、医院机器人系统、智能轮椅、假肢和康复治疗机器人等几个方面。如对下肢功能障碍患者进行步行康复训练的机器人步态康复训练系统。（见图 5-13）。该系统由步态矫正器、体重支撑系统与跑步机组成，通过反复不断的行走辅助动作，让患者形成神经记忆、重新学习行走的感觉，从而使其日常活动能力得到训练和改善。

图 5-13　机器人步态康复训练系统

　　助老陪护机器人具有一定的家庭服务作业能力，可以进行家居环境信息安全监控、日常生活管理、家务服务，以及与老人互动娱乐，有助于解决老年人独自在家时生活自理困难、与家人信息沟通不方便、心里孤独、记忆能力退化等问题。机器人采用仿人双作业手臂，可完成单臂取水、倒水，双手端盘，开橱门取物品等复杂作业。同时，机器人作为一个技术平台，可以有效地把小区安保、社区医疗服务及生活服务设施的信息连接起来，有效地提高老年人的生活质量。图 5-14 为哈尔滨工业大学的机器人实验室开发的一款助老陪护机器人。

图 5.14　助老陪护机器人

　　目前，我国已逐渐步入老年社会，对各类助老陪护、康复及护理设备的需求日益增大。护理机器人能给老年人、残疾人和短期行动不便人士提供生活方面的帮助，协助病人进行卫生护理及按摩保健护理等工作。

### 5.3.3　机器人医生

　　机器人医生是机器人技术在医疗领域的具体应用，目前已应用于病人康复训练、特殊病人陪护、远程遥控手术等方面。在未来的医疗及医疗保健行业，机器人医生将扮演重要的角色，它们将帮助医生远程给病人看病，并能够自己执行多种服务，从压迫止血到手术辅助等。机器人由外科医生控制，外科医生可以看到比肉眼能看到的更清晰的细节。与此同时，在这类手术中通常使用的复杂的手术器械也难于控制，机器人的使用将消除手部颤动产生的危险。使用机器人医生，外科医生坐在控制台旁就可以通过精准的计算机控制系统操控位于病人身边的机器人进行外科手术。

　　2009 年 6 月 16 日，参展商在以色列的一个生物科学会议上，展出一个直径仅为 1 mm 的超级微型机器人，它的名字叫"ViBot"。以色列科技学院的研究人员称，医生进行大脑或肺部手术时，可利用"ViBot"进入人体释放药物或扫除器官中的堵塞物。欧洲的医生最近利用机器人成功地为病人进行了心脏搭桥手术。这个机器人有 3 只手臂，1 只连接着一台高精度摄像机，另两只由医生控制。医生们通过三维荧光屏观察机器人手臂在病人体内的每个动作，并根据需要进行操作。机器人只需在患者胸部切开 3 个小口即可进入胸腔，无须切断肋骨。另外，机器人技术已逐步应用于老弱病残等特殊群体的康复训练、陪伴、健康状态监测和信息传递等方面。未来，随着老龄化加剧及人们生活水平的提高，机器人医生将显示出巨大的应用潜力。

# 5.4　教育娱乐机器人

## 5.4.1　教育机器人

机器人的研究、开发及应用实践是社会需求的必然结果，教育领域当然也不例外。同时，由于教育领域涉及知识的广泛性和技术的综合性，使得机器人在教育领域的应用具有更多的价值。教育机器人是一类应用于教育领域的机器人，它一般具备以下特点：首先是教学适用性，符合教学使用的相关需求；其次是具有良好的性能价格比，特定的教学用户群决定了其价位不能过高；再次就是它的开放性和可扩展性，可以根据需要方便地增、减功能模块，进行自主创新；此外，它还应当有友好的人机交互界面。根据有关机器人教育专家的研究与实践，教育机器人是机器人教育的载体，机器人教育可以分为机器人学科教学（Robot-Subject Instruction，RSI）、机器人辅助教学（Robot-Assisted Instruction，RAI）、机器人管理教学（Robot-Managed Instruction，RMI）、机器人代理（师生）事务（Robot-Represented Routine，RRR）、机器人主持教学（Robot-Directed Instruction，RDI）5 种类型。

### 1. 机器人学科教学

机器人学科教学是指把机器人学看成是一门科学，在各级各类教育中，以专门课程的方式，使所有学生普遍掌握关于机器人学的基本知识与基本技能。机器人学科教学具有 3 方面的教学目标。

（1）知识目标：了解机器人软件工程、硬件结构、功能与应用等方面的基本知识。

（2）技能目标：能进行机器人程序设计与编写，能拼装多种具有实用功能的机器人，能进行机器人及智能家电的使用维护，能自主开发软件控制机器人。

（3）情感目标：培养对人工智能技术的兴趣，真正认识到智能机器人对社会进步与经济发展的作用。

机器人教育成为学科课程，尤其对中小学而言，师资、器材、场地及活动经费、教学经验等都具有很大的挑战。

### 2．机器人辅助教学

机器人辅助教学是指师生以机器人为主要教学媒体和工具所进行的教与学活动。与机器人辅助教学概念相近的还有机器人辅助学习、机器人辅助训练、机器人辅助教育，以及基于机器人的教育。与机器人课程比较起来，机器人辅助教学的特点是它不是教学的主体，而是一种辅助，即充当助手、学伴、环境，或者智能化的器材，起到一个普通教具所不具备的智能性作用。

### 3．机器人管理教学

机器人管理教学是指机器人在课堂教学、教务、财务、人事、设备等教学管理活动中所发挥的计划、组织、协调、指挥与控制作用。机器人管理是从组织形式、组织效率等方面发挥其自动化、智能性的特点，属于一种辅助管理的功能。

### 4．机器人代理（师生）事务

机器人具有人的智慧和人的部分功能，完全能代替师生处理一些课堂教学之外的其他事务，如机器人代为借书、代为做笔记，或者代为订餐、打饭等。利用机器人的代理事务功能，是为了促进学习效率、质量的提高。

### 5．机器人主持教学

机器人主持教学是机器人在教育中应用的最高层次。在这一层次中，机器人在许多方面不再是配角，而是成为教学组织、实施与管理的主人。机器人成为我们学习的对象，这好像是遥不可及的事，但是人工智能结合虚拟现实、多媒体等技术，让这件事成为现实也并不太难，需要考虑的只是如何让它更符合教育的发展。

机器人技术综合了多学科的发展成果，代表了高技术的发展前沿。机器人涉及信息技术的多个领域，它融合了多种先进技术，没有一种技术平台会比机器人具有更为强大的综合性。引入教育机器人的教学将给中小学的信息技术课程增添新的活力，成为培养中小学生综合能力、信息素养的优秀平台。教育机器人是全面培养学生信息素质，提高其创新精神和综合实践能力的良好平台。

## 5.4.2　娱乐机器人

娱乐机器人以供人娱乐、观赏为目的，具有机器人的外部特征，可以像人、像某种动物、像童话或科幻小说中的人物等。娱乐机器人同时具有机器人的功能，可以行走或完成动作，可以有音乐演奏及语言能力，会唱歌，有一定的感知能力，如舞蹈机器人、棋牌机器人、宠物机器人、足球机器人、音乐机器人等。

娱乐机器人主要是使用人工智能（Artificial Intelligence，AI）技术、超绚声光技术、可视通话技术、定制效果技术、网络通信技术。AI 技术为机器人赋予了独特的个性，通过语音、声光、动作及触碰反应等与人交互；超绚声光技术通过多层 LED 灯及声音系统，呈现超炫的声光效果；可视通话技术是通过机器人的大屏幕、麦克风及扬声器，与异地实现可视通话；定制效果技术可根据用户的不同需求，为机器人增加不同的应用效果；网络通信技术可以使机器人具备信息获取、信息交互、群体协同等功能。图 5-15 所示为 2007 年由韩国 KITEC 公司开发的世界首款娱乐机器人美女。

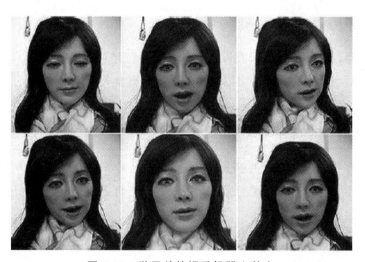

图 5-15　世界首款娱乐机器人美女

## 5.5　其他家用服务机器人

### 5.5.1　烹饪机器人

烹饪机器人是一种用于烹饪的机器人，可用于取代人工烹饪。烹饪机器人通常由储藏配料的存储柜、自动配料及供料装置、烹饪箱、控制系统等 4 个部分组成。烹饪机器人通过控制系统操控机械手，模拟厨师的操作过程，烹调各种菜肴和主食。目前应用较多的是炒菜机器人与削面机器人。

### 5.5.2　迎宾机器人

迎宾机器人是集语音识别技术和智能运动技术于一身的高科技展品，具有仿人型外形，同时还应具备超强的交互功能与语言能力，能够具备自我学习能力与处理各种复杂任务的能力。图 5-16 为清华大学图书馆机器人"小图"。

图 5-16  清华大学图书馆机器人"小图"

迎宾机器人主要应具备以下功能：

（1）自主迎宾。将机器人放置会场、宾馆、商场等活动及促销现场，当宾客经过时，机器人会主动打招呼："您好！欢迎您光临"，宾客离开时，机器人会说："您好，欢迎下次光临"。

（2）人机对话。机器人具备当今科技最前沿的语音识别功能，现场宾客可使用麦克风向机器人提出众多问题，对话内容可以根据用户需要制定，机器人则用幽默的语言回答宾客提问。通过人机对话，即可把本次活动或庆典的内容充分展示给现场宾客，同时增加宾客的参与性、娱乐性，产生良好的互动效果。

（3）动作展示。展示期间，机器人可表演唱歌、讲故事、背诗等才艺节目，机器人同时配备头部、眼部、嘴部、手臂动作，充分展示机器人的娱乐功能。

（4）致迎宾辞。展示展览机器人能够在舞台和现场向宾客致"欢迎辞"，"欢迎辞"可由用户先拟定内容，编程输入后通过机器人特有的语音效果表达出来。

### 5.5.3  安保机器人

安保机器人是一种用于维护社会治安、保卫国家财产和人民生命财产安全的机器人，其功能主要包括巡逻放哨、火警和空气检测、威胁评估、情况判定、探测与阻止入侵者，探测并排除犯罪分子安放在机场、仓库等公共场所的炸弹和其他危险品，也可用于人质的解救工作。

图 5-17 为国内首款保安巡逻机器人，该机器人是由中国民航地面特种设备研究基地机器人研究所与天津市亚安科技电子有限公司合作开发的。这款机器人可以实现自主环境探测、自主避障导航及自主充电功能，能够按照工作人员的具体要求在非人工干预的情况下自主完成固定路线巡逻、随机路线巡逻及重点部位查看等任务。它不仅具有全方位视觉的处理判断能力，而且还能够进行视觉及双向语音信息的远程传输与监控，可检测环境烟雾及火灾情况并进行异常情况报警，还能与固定视觉监控系统形成分布式监控网络系统，全面提高安防监控效果。

图 5-17　国内首款保安巡逻机器人

反恐防爆机器人是一款中型特种排爆排险机器人，它体积小、重量轻，用于处置各种突发涉爆、涉险事件，在反恐怖、反劫持等领域发挥了重要作用，如图 5-18 所示。

图 5-18　反恐防爆机器人

微声爬壁机器人是面向反恐侦察开发的紧凑型侦察系统，目前已在上海世博会上首次采用，如图 5-19 所示。该机器人在噪音控制、运动灵活性、密封方式、壁面适应性等方面取得了重要技术突破，可应用于楼宇、飞机表面进行侦察作业和大型储物罐、桥梁等装置的探伤、危险品检测等领域。

图 5-19　微声爬壁机器人

水下机器人主要用于对水下悬浮、沉底或附着在其他物体上的不明可疑物进行近场探测和处置。能够为各种水域的水下安保提供更为安全高效的水下排查处置手段。Ocean Modules 公司的 V8Sii 机器人是一种多功能水下机器人平台，如图 5-20 所示，也是开放的、可模块置换的模块化平台。用户根据需要可选配扫描成像声呐（用于浑浊的水域）、机械手或简单作业工具、声学定位系统、采样设备等。V8Sii 将水下机器人（Remote Operated Vehicle，ROV）技术发展到一个新的高度，其独一无二的八矢量推进器配置和目前最为先进的控制系统，可在全空间六个自由度上对机器人进行精确操纵。ROV 随机安装的多种传感器可随时获得机器人的状态信息，以便系统通过负反馈实现 ROV 的自动定深、自动定向和自动姿态控制的功能，从而获得机器人的超级稳定性。

图 5-20　Ocean Modules 公司的 V8Sii 型水下机器人

### 5.5.4　自动导航小车

近年来，自动化技术呈现加速发展的趋势，国内自动化立体仓库和自动化柔性装配线进入发展与普及阶段。目前，物流仓储、航空运输、印刷行业、烟草行业、摩托车行业、汽车行业、家用电器行业有众多企业已经或者即将投入巨资建立自己的自动化仓储物流体系。其中，在自动仓库与生产车间之间，各工位之间，各段输送线之间，自动导航小车（Automated Guided Vehicle，AGV）起到了无可替代的重要作用。图 5-21 所示为 AGV 系统示意图。

图 5-21　AGV 系统示意图

### 1. AGV 定义与特点

AGV 指装备有电磁或光学等自动导引装置，能够沿规定的导引路径行驶（如具有安全保护以及各种移载功能的运输车，工业应用中不需驾驶员的搬运车），以可充电之蓄电池为其动力来源，可通过计算机来控制其行进路线以及行为，或利用电磁轨道设置其行进路线，无人搬运车则依循电磁轨道所带来的讯息进行移动与动作。AGV 以轮式移动为特征，与步行、爬行或其他非轮式的移动机器人相比，具有行动快捷、工作效率高、结构简单、可控性强、安全性好等优势。与物料输送中常用的其他设备相比，AGV 的活动区域无须铺设轨道、支座架等固定装置，不受场地、道路和空间的限制。与传统的传送辊道或传送带相比，AGV 输送路线具有施工简单、路径灵活、不占用空间、移动性强、柔性好等优点。

### 2. AGV 系统结构与功能

AGV 系统的组成可分为车体系统、车载控制系统、安全与辅助系统等部分，如图5-22 所示。

（1）车体系统。它包括底盘、车架、壳体、防撞杆等，AGV 的躯体具有电动车辆的结构特征。

（2）车载控制系统。它主要由电力与驱动系统、影像检测系统、红外感测系统组成。车载控制系统是 AGV 的核心部分。系统分为顶层控制结构和底层控制机构（见图 5-22）。顶层控制机构主要由影像检测系统、中心控制计算机组成；底层控制系统主要由避障系统、定位及伺服控制 DSP 系统等组成。

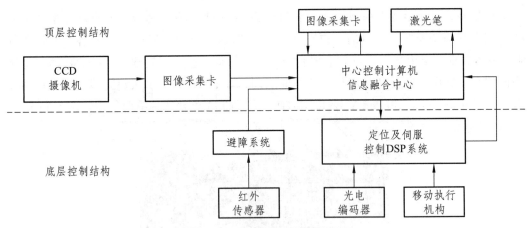

图 5-22  AGV 系统结构框图

AGV 系统包括硬件系统和软件系统两部分，其硬件系统结构如图5-23 所示。该系统分为地面（上位）控制系统、车载（单机）控制系统及导航/导引系统，其中，地面控制系统指 AGV 系统的固定设备，主要负责任务分配、车辆调度、路径（线）管理、交通管理、自动充电等功能；车载控制系统在收到上位系统的指令后，负责 AGV 的导航计算、导引实现、车辆行走、装卸操作等功能；导航/导引系统为 AGV 单机提供系统绝对或相对位置及航向。

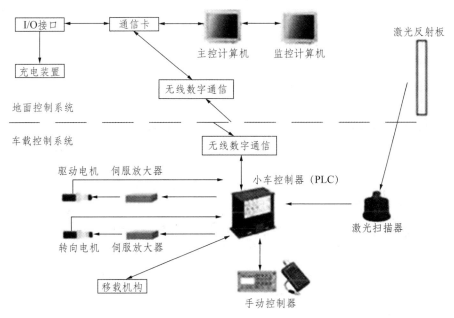

图 5-23 AGV 系统的硬件结构

AGV 系统是一套复杂的控制系统，加之不同项目对系统的要求不同，更增加了系统的复杂性，因此，系统在软件配置上设计了一套支持 AGV 项目从路径规划、流程设计、系统仿真（Simulation）到项目实施全过程的解决方案。上位系统提供了可灵活定义 AGV 系统流程的工具，可根据用户的实际需求来规划或修改路径及系统流程，并提供了可供用户定义不同 AGV 功能的编程语言。AGV 系统的软件结构如图 5-24 所示。

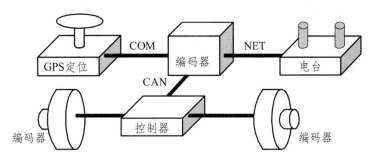

图 5-24 AGV 系统的软件结构

### 3. AGV 地面控制系统

AGV 地面控制系统（stationary system）即 AGV 上位控制系统，是 AGV 系统的核心。其主要功能是对 AGV 系统（AGVS）中的多台 AGV 单机进行任务管理、车辆管理、交通管理、通信管理、车辆驱动等。

（1）任务管理。任务管理类似计算机操作系统的进程管理，它提供对 AGV 地面控制程序的解释执行环境；提供根据任务优先级和启动时间的调度运行；提供对任务的各种操作，如启动、停止、取消等。

（2）车辆管理。车辆管理是 AGV 管理的核心模块，它根据物料搬运任务的请求，分配调度 AGV 执行任务，根据 AGV 行走时间最短原则，计算 AGV 的最短行走路径，并控制指挥 AGV 的行走过程，及时下达装卸货和充电命令。

（3）交通管理。根据 AGV 的物理尺寸大小、运行状态和路径状况，提供 AGV 互相自动避让的措施，同时避免车辆互相等待的死锁方法和出现死锁的解除方法。AGV 的交通管理主要有行走段分配和死锁报告功能。

（4）通信管理。通信管理提供 AGV 地面控制系统与 AGV 单机、地面监控系统、地面 IO 设备、车辆仿真系统及上位计算机的通信功能。和 AGV 间的通信使用无线电通信方式，需要建立一个无线网络，AGV 只和地面系统进行双向通信，AGV 间不进行通信。地面控制系统采用轮询方式和多台 AGV 通信。AGV 与地面监控系统、车辆仿真系统、上位计算机的通信使用 TCP/IP 通信。

（5）车辆驱动。车辆驱动负责 AGV 状态的采集，并向交通管理发出行走段的允许请求，同时把确认段下发 AGV。

### 4. 车载控制系统

AGV 车载控制系统，即 AGV 单机控制系统，在收到上位系统的指令后，负责 AGV 单机的导航、导引、路径选择、车辆驱动、装卸操作等。

（1）导航（navigation）。AGV 单机通过自身装备的导航器件测量并计算出其在全局坐标中的位置和航向。

（2）导引（guidance）。AGV 单机根据现在的位置、航向及预先设定的理论轨迹来计算下个周期的速度值和转向角度值，即 AGV 运动的命令值。

（3）路径选择（searching）。AGV 单机根据上位系统的指令，通过计算，预先选择即将运行的路径，并将结果报送上位控制系统，能否运行由上位系统根据其他 AGV 所在的位置统一调配。AGV 单机行走的路径是根据实际工作条件设计的，它有若干"段"（segment）组成。每一"段"都指明了该段的起始点、终止点，以及 AGV 在该段的行驶速度和转向等信息。

（4）车辆驱动（driving）。AGV 单机根据导引（guidance）的计算结果和路径选择信息，通过伺服器件控制车辆运行。

### 5. AGV 导航/导引方式及特点

AGV 之所以能够实现无人驾驶，导航和导引对其起到了至关重要的作用，随着技术的发展，目前能够用于 AGV 的导航/导引技术主要有以下几种。

1）坐标导引（cartesian guidance）

坐标导引以光学、电磁传感器等传感器获取地面栅格信息，通过运算得到绝对位置信息的导引模式。用定位块将 AGV 的行驶区域分成若干坐标小区域，通过对小区域的计数实现导引，一般有光电式（将坐标小区域以两种颜色划分，通过光电器件计数）和电磁式（将坐标小区域以金属块或磁块划分，通过电磁感应器件计数）两种形式。其优点是可以实现路径的修改，导引的可靠性好，对环境无特别要求；缺点是地面测量安装复杂，工作量大，导引精度和定位精度较低，且无法满足复杂路径的要求。

2）电磁导引（wire guidance）

电磁导引是较为传统的导引方式之一，目前仍被许多系统采用。它是在 AGV 的行驶路径上埋设金属线，并在金属线上加载导引频率，通过对导引频率的识别来实现 AGV 的导引。其主要优点是引线隐蔽，不易污染和破损，导引原理简单而可靠，便于控制和通信，对声光无干扰，制造成本较低。缺点是路径难以更改扩展，对复杂路径的局限性大。

3）磁带导引（magnetic tape guidance）

磁带导引与电磁导引相近，是用在路面上贴磁带替代在地面下埋设金属线，通过磁感应信号实现导引，其灵活性比较好，改变或扩充路径较容易，磁带铺设简单易行。但此导引方式易受环路周围金属物质的干扰，磁带易受机械损伤，因此导引的可靠性受外界影响较大。

4）光学导引（optical guidance）

光学导引是在 AGV 的行驶路径上涂漆或粘贴色带，通过对摄像机采入的色带图像信号进行简单处理而实现导引，其灵活性比较好，地面路线设置简单易行，但对色带的污染和机械磨损十分敏感，对环境要求过高，导引可靠性较差，精度较低。

5）激光导航（laser navigation）

激光导引是在 AGV 行驶路径的周围安装位置精确的激光反射板，AGV 通过激光扫描器发射激光束，同时采集由反射板反射的激光束，来确定其当前的位置和航向，并通过连续的三角几何运算来实现 AGV 的导引。

此项技术最大的优点是，AGV 定位精确，地面无须其他定位设施，行驶路径可灵活多变，能够适合多种现场环境，它是目前国外许多 AGV 生产厂家优先采用的先进导引方式。缺点是制造成本高，对环境要求较相对苛刻（外界光线，地面要求，能见度要求等），不适合室外（尤其是易受雨、雪、雾的影响）。

6）惯性导航（inertial navigation）

惯性导航是在 AGV 上安装陀螺仪，在行驶区域的地面上安装定位块，AGV 可通过对陀螺仪偏差信号(角速率)的计算及地面定位块信号的采集来确定自身的位置和航向，从而实现导引。

此项技术在军方较早运用，其主要优点是技术先进，较之有线导引，地面处理工作量小，路径灵活性强。其缺点是制造成本较高，导引的精度和可靠性与陀螺仪的制造精度及其后续信号处理密切相关。

### 6. AVG 导航策略

根据环境信息的完整程度、导航指示信号类型、导航地域等因素的不同，可以将 AVG 导航策略分为电磁导引、光条纹导引、磁带导引、激光定位、基于地图导航、基于路标导航、基于视觉导航、基于传感器导航等。在实际应用中，室内或室外环境是已知、不变的，且环境比较规整，可采用基于地图的导航，在 AGV 内部事先存上环境的完整信息，然后在预先规划的全局路线的基础上，采用路径跟踪和避障技术，实现 AGV 导航。激光定位的原理是 AGV 实时接收固定设置的 3 点定位激光信号，通过计算测定其瞬时位置和运行方向，然后与设定的路径进行比较，以引导车辆运行。激光检测技术的导向与定位精度较高，且提供了任意路径规划的可能性，但成本高，传感器和发射、反射装置的安装复杂，位置计算也复杂。计算机视觉导引的原理是一种处于发展中的技术。视觉导引方法较多，主要是通过 CCD 摄像头获取周边或者地表图像，然后进行仿生图像识辨确定自身坐标位置，进而导引 AGV。

### 7. GPS 自动导航探测小车

作为移动机器人的一种，GPS 自动导航探测小车搭配了各种车载传感器，感知周围的环境，并通过无线收发模块将感知的信息传输到计算机上。小车获取 GPS 卫星定位接收模块和电子罗盘发出的数据，由上位机软件做出计算与判断后，给小车发送运动指令，规划小车的行驶路径。在行驶过程中若遇到障碍物时，小车启动避障系统。该系统成本低、精度高，还能自动多次校正行驶方向与行驶距离，工作稳定、可靠。

## 5.6  本章小结

个人/家用服务机器人是机器人家族中的重要成员之一，随着机器人技术的不断发展及人们生活水平的不断提高，个人/家用服务机器人将越来越多地进入人们的生活，成为人们生活中不可或缺的一部分。目前，国内外的科学家们在机器人的移动机构设计、传感器融合与环境建模技术、路径规划技术、能源技术、智能控制技术、人机交互技术、成本控制等方面都取得了长足的进步。未来个人/家用机器人将迅速崛起，商业化应用将不断扩大，个人/家用机器人进入家庭为人类服务已经不再是遥不可及的梦想。

### 习 题

1. 什么是个人/家庭服务机器人？其特点有哪些？
2. 家庭服务机器人有哪些共性技术？
3. 请列举 2、3 种个人/家庭服务机器人。

# 第6章　专用服务机器人

## 6.1　发展概况

专用服务机器人是机器人家族中的一个年轻成员,是一种半自主或全自主工作的机器人,它能完成特定领域有益于人类的服务工作。进入 21 世纪,人们越来越强烈地感受到机器人快速深入工业生产、生活实践和社会服务的坚实步伐。

服务机器人应用范围很广,涵盖了维护、保养、修理、运输、清洗、保安、救援、监护等领域。服务机器人根据应用场景的不同又可分为家用机器人和专业机器人两大类。常见的家用服务机器人有扫地机器人、娱乐机器人、烹饪机器人等;常见的专业服务机器人包括国防机器人、农场机器人、医疗机器人、电力机器人等。

服务机器人萌芽于 20 世纪 90 年代,2000 年至 2010 年为起步阶段,2011 年至今,服务机器人呈爆发式增长,发达国家将服务机器人产业的发展上升到国家战略高度,给予充分的政策和资金支持,发展中国家也逐渐进入服务机器人的研发与生产领域。

相比工业机器人,服务机器人属于新兴行业,全球规模较大的服务机器人企业产业化历史多为 5~10 年,大量公司仍处于前期研发阶段。另一方面,服务机器人更加靠近下游终端消费者,且应用场景千差万别,客户群体更加广泛。因此,服务机器人的市场空间比工业机器人更加广阔。

目前世界上有至少 48 个国家在发展机器人,其中约 25 个国家 400 多家企业已涉足服务机器人领域,技术处于前列的国家主要有美国、法国、德国、日本和韩国等。根据 IFR 统计,2012—2015 年,全球服务机器人销量复合增速已高达 19%。2015 年全球专业服务机器人总销售额为 46 亿美元,较 2014 年同比上升 14%;总销量约 4.11 万台,较 2014 年同比上升 25%。预计未来三年内(2016—2018),全球范围内将新增专业服务机器人 33.32 万台,总价值约 231 亿美元。

近年来,世界各国主要研发的专业服务机器人重点在医疗、物流、军事、极限环境等特殊领域。考虑到特殊领域的工作环境条件往往比较恶劣或者具有危险性,对专业服务机器人具有需求刚性。因此,未来特殊工作环境的应用场景将会不断催生出专业服务机器人新品种。

我国目前已经跻身于世界强国之列,但是在服务机器人研究与市场化生产运作方面仍处于初级阶段,国内专门研发生产服务机器人的企业较少,且多半集中于低端市场。

中国产业调研网发布的 2015—2020 年中国服务机器人市场现状研究分析与发展趋势预测报告认为：2014 年，全球专业服务机器人销量 22 163 台，比 2013 年增加 1 163 台，与 2010 年相比翻了一番，销售额达到 45.48 亿美元，同比增长 8.3%；全球个人/家用服务机器人 440 台，比 2013 年增加 40 台，销售额达到 12.05 亿美元，同比增长 27.2%。2013 年，全球国防应用机器人销量 8 013 台，比 2012 年增加 759 台；全球医用服务机器人销量 1 106 台，比 2012 年增加 33 台；全球家用服务机器人销量 224 万台，比 2012 年增加 29 万台。2014 年，我国服务机器人销售额 45.56 亿元，同比增长 34%。2014 年，我国投入使用的服务机器人只有少部分是国产的，大部分是国外进口的。我国服务机器人的分布地区主要集中在经济较为发达的环渤海及长三角、珠三角地区，西部地区的应用较少，其分布情况为珠三角地区 32.7%，长三角地区 29.6%，环渤海地区 27.3%，中部地区 8.9%，西部地区 1.5%。随着中国老龄化社会的到来，在未来 10 年之内，服务机器人在中国的需求会有明显的增长，尤其是家庭护理机器人、玩具机器人、安控机器人、清洁机器人等。

随着开发研究的进一步开展和价格的大幅度下降，服务机器人将广泛进入医院、家庭、工地、办公室和体育娱乐场馆，直接与人类共处，为人类排忧解难。

### 6.1.1 国内外的研究现状

#### 1. 中 国

我国对服务机器人的研究起步很晚，但国家对此非常重视，1986 年 3 月，研究、开发智能机器人的内容已列入国家 863 高科技发展规划中。从 1986 年至 2009 年的 20 多年中，智能机器人主题在 863 的旗帜下，团结了近几千人的研究开发队伍，圆满完成了各项任务，建成了一批高水平的研究开发基地，造就了一支跨世纪的研究开发队伍，为我国 21 世纪机器人技术的持续创新发展奠定了基础。我国首台具有国际一流语音交互水平和复杂动作及智能运动控制水平的"美女机器人"，具有仿真的美女外形，服装和发型可以根据应用场合更换。她能够根据工作人员说出的指令，马上完成相应的动作，她能够讲英语、四川方言和唱歌、讲笑话，可以与游客进行语音聊天和知识问答，在移动行走时，她能自动识别途中碰到的障碍物，并做语音提示。目前，我国服务机器人研究技术已跨入世界先进行列，但与日本、美国等国家的技术相比还是有差距的，我国科技工作者正在努力向前，期待我们自己的水平更高、功能更强的服务型机器人尽早与大家见面。

#### 2. 日 本

日本将机器人作为一个战略产业，给予了大力支持，而且根据目前机器人产业面临的问题，提出了加强机器人研究和推动机器人产业化的具体措施。日本机器人工业之所以领先世界，一方面和他们的机器人文化也有关。在日本，有一种"让机器人成为人"的氛围，由于日本人口不多，而且老龄化趋势严重，他们需要机器人来承担劳动工作，因此培养起浓厚的机器人文化。另一方面，日本政府也希望机器人研发成为本国的支柱产业，所以投入大量资金，为了攻克更关键的服务机器人技术，日本在 2006 年至 2010 年间，每年投入 1000 万美元用于研发服务机器人。

### 3. 韩　国

韩国将服务机器人技术列为未来国家发展的 10 大"发动机"产业，他们已经把服务型机器人作为国家的一个新的经济增长点重点发展，对机器人技术给予了重点扶持。通过不断的努力，韩国近几年来逐渐跻身研究机器人的世界潮流。韩国信息通信部官员表示，虽然韩国的机器人技术起步比美国、日本和欧洲的竞争者要晚，但是有望在未来 5～10 年内迎头赶上。韩国科学家成功研制出世界上最聪明的类人机器人"Android"，它集众多前沿科技在一身，包括实时数据传输、音像和力觉感应器、高速处理器等，通过它身上装备的音像及力觉感应器可以探测前方物体的运动，能够识别说话声，然后向服务器发送数据，服务器将数据处理后会下达指令给机器人，帮助它与人类以及周围环境进行互动。

### 4. 欧　美

美国的机器人技术在国际上仍一直处于领先地位，其技术全面、先进，适应性也很强。专治中风的机器人医生在密歇根州圣约瑟夫默西奥克兰医院率先上岗。有了这种机器人，医生在任何地方只要利用一台计算机和互联网，就可以远程遥控机器人为病人提供治疗服务。德国在服务机器人的研究和应用方面处于世界公认的领先地位。德国新一代机器人保姆 Care-O-Bot3，能识别生活用品、避免误伤主人、有自我学习能力，还能听懂语音命令和看懂手势命令。法国不仅在机器人拥有量上居于世界前列，而且在机器人应用水平和应用范围上处于世界先进水平。这主要归功于法国政府一开始就比较重视机器人技术，大力支持服务机器人研究计划，并且建立起一个完整的科学技术体系，特别是把重点放在开展机器人的应用研究上。俄罗斯军方前不久公布了一款战争服务机器人"骡子"，该机器人战斗系统被当作侦察装置使用，负责武器和弹药的运输，并且承担侦察雷区或敌方武器部署的作用，帮助伤员撤离战斗区域和搬运战士遗体。

## 6.1.2　服务机器人的技术发展趋势

服务机器人的开发研究取得了举世瞩目的成果，可以预见，未来 10 年内，服务机器人将在医疗、教育、娱乐等领域率先开拓扎根，其发展会逐渐呈现智能化、网络化、人性化、多元化等特点。

### 1. 服务机器人的更高智能化

尽管人们对于人工智能的定义和发展方向仍然没有统一的观点，然而在一些已经得到的成果和重点的发展方向上大家仍然达成了共识。应用于智能机器人的人工智能技术有着许多诱人的研究课题，新型智能技术的概念和应用研究正酝酿着新的突破。多种方法混合技术、多专家系统技术、机器学习、硬软件一体化和并行分布处理技术都是快速发展的领域。而模仿人脑机理和分布式人工智能可能是最有前途的方向。

### 2. 服务机器人的网络化

随着人工智能的深入发展，云计算应用的深化，智能服务机器人将在在技术层面实现进一步突破。人工智能是服务型机器人的"大脑"，实现机器人在非结构化环境下的识别、思考和决策，直接决定了机器人的智慧化程度。目前，全球各大科技巨头在人工智能研究方面持续投入，成为智能服务机器人实现良好人机互动的突破口。云计算是服务型机器人的"平台"，实现与移动互联网海量数据连接的纽带，能够完成实时信息搜索和信息提取，直接决定了机器人的应用延伸拓展水平。当前，采用云技术的智能服务机器人日益增多，未来可能成为服务机器人技术的"标准配置"。

### 3. 服务机器人的人性化

随着智能家居的融合创新，生态体系的构建完善，智能家居形成以智能终端和家庭网络为基础，以数字娱乐、智能安防、健康服务等典型应用服务为方式的舒适、安全、便捷、个性化的综合服务平台。智能家居与智能服务机器人对家庭服务具有天然的融合应用基础，未来将实现深度融合创新。在此基础上，手机、可穿戴设备等移动智能终端，机器人等服务主体终端，智能家居等家电智慧化系统，将共同构成家庭服务生态体系，各终端间实现互联互通和协同应用，应用程序将打破单个终端边界，适应整体生态系统，共同服务人们家庭生活的各个方面。日本专家预测，在2013年到2027年之间，智能机器人系统的发展将允许机器人保留和重复使用以前已获得的技能和技术，人和机器人的交流将变得更加的简单。

### 4. 人工智能技术的全面应用

各种机器学习算法的出现推动了人工智能的发展，强化学习、蚁群算法、免疫算法等可以用到服务机器人系统中，使其具有类似人的学习能力，以适应日益复杂的、不确定和非结构化的环境。英国科学家研发出首名"机器人科学家"的机器人，这款机器人能独立推理、把理论公式化乃至探索科学知识，堪称人工智能领域一大突破。"机器人科学家"将来可以投身于解开生物学谜题、研发新药、了解宇宙等研究领域。英国的一种具有语言学习能力的类人型机器人即将问世，研究者的目标是：机器人将来能够对语言进行自我学习，也能在社会化环境中向他人学习，并且把这种语言能力转化为自主化学习和处理问题的能力，能与周围环境互动，掌握更多的自主性能力。

## 6.1.3 结 论

全球范围来看，世界各国纷纷将突破服务机器人技术、发展服务机器人产业摆在本国科技发展的重要战略地位。随着信息网络、传感器、智能控制、仿生材料等高新技术的发展，以及机电工程与生物医学工程等的交叉融合，使得服务机器人技术发展呈现三大态势：① 服务机器人由简单机电一体化装备向以生机电一体化和智能化等方面发展；② 服务机器人由单一作业向群体交流、远程学习和网络服务等方面发展；③ 服务机器人由研制单一复杂系统向将其核心技术、核心模块嵌入先进制造等相关装备方面发展。

随着机器人关键技术的不断更新，服务机器人正处于蓬勃的发展状态，相关新产品层出不穷。有机构预测未来服务机器人将像家用电器一样普及，它将大量进入人们的生活，走进千家万户。当然，除了国家政策导向、技术研发，未来服务机器人的成功还将取决于社会对它的承认。服务机器人作为一个具有巨大社会关注度、特色鲜明的高新技术，解决社会劳动问题是其主要实际功能。它是现代制造业与服务业的不可分割的重要组成部分。研究发展服务机器人不仅是未来社会发展的重大机遇，也对提升国家核心竞争力具有重要意义。

## 6.2 医疗康复机器人

一方面随着各个国家老龄化越来越严重，更多的老人需要照顾，社会保障和服务的需求也更加紧迫，老龄化的家庭结构必然使更多的年青家庭压力增大。同时，生活节奏的加快和工作的压力的增大，也使得年轻人没有更多时间陪伴自己的孩子，随之酝酿而生的将是广大的家庭服务机器人市场。此外，服务机器人还将更加广泛地代替人从事各种生产作业，使人类从繁重的、重复单调的、有害健康和危险的生产作业中解放出来。

截至 2014 年底，我国 60 岁以上的老龄人口已达 2.97 亿，占人口总数的 6.07%，劳动力人口比重正在逐年下滑，迫切需要大力发展机器人自动化产业。服务机器人是机器人发展的主攻方向，受到国内外学术界和产业界的高度重视。近年来，原中型组和人形组中的国际一流研究型大学纷纷加入服务机器人研发制造，使得行业技术得到快速的发展，服务机器人是集机械、电子、控制、材料、生物医学等多学科于一体的战略性高科技，不仅能应对劳动力成本上升、人口老龄化等问题，而且对于相关技术与产业的发展起着重要的支撑和引领作用。

### 6.2.1 手术机器人

近年来，机器人不仅用于工业领域，在医疗系统也已得到推广应用。如大名鼎鼎的手术机器人的问世不过短短 10 年，但同样取得了重大进展。目前，关于机器人在医疗界中的应用的研究主要集中在外科手术机器人、康复机器人、护理机器人和服务机器人方面。其中，外科手术机器人是目前应用范围最广、且最具前景的医疗机器人。它提供的强大功能克服了传统外科手术中精确度差、手术时间过长、医生疲劳、和缺乏三维精度视野等问题。实际上，手术机器人是一组器械的组合装置。它通常由一个内窥镜（探头）、刀剪等手术器械、微型摄像头和操纵杆等器件组装而成（见图 6-1）。据国外厂商介绍，目前使用中的手术机器人的工作原理是通过无线操作进行的外科手术，即医生坐在电脑显示屏前，通过显示屏和内窥镜仔细观察病人体内的病灶情况，然后通过机器人手中的手术刀将病灶精确切除（或修复）。

机器人手术系统是集多项现代高科技手段于一体的综合体。外科医生可以远离手术台操纵机器进行手术，完全不同于传统的手术概念，在世界微创外科领域是当之无愧的革命性外科手术工具。

第一代手术机器人已经用于世界各地的许多手术室中。这些机器人不是真正的自动化机器人，它们不能自己进行手术，但是它们向手术提供了有用的机械化帮助。这些机器仍然需要外科医生来操作它们，并对其输入指令。这些手术机器人的控制方法是远程控制和语音启动。

虽然说手术机器人比人手有一些优点，但是要用自动化的机器人在没有人参与的情况下对人体进行手术，还有很长的一段路要走。随着计算机能力和人工智能的发展，21世纪将会出现这样一种机器人，它可以找出人体中的异常，分析并校正这些异常，而不需要任何人指导。

外科手术，特别是神经外科手术，一直受到人手准确性的限制。发展于20世纪60年代的显微外科技术，使外科医生超越了人手精准性、灵活性和持久性的极限，而"神经臂"系统则又极大地提高了外科手术的精准率，使外科手术水平从器官级发展到细胞级。利用该系统，外科医生可通过操纵计算机工作站，使"神经臂"与核磁共振图像仪协同作战，从而在显微尺度下使用器械从事微细手术。

据研究人员介绍，"神经臂"需要与具有强磁场的核磁共振成像仪一起运行，它的开发是由包括医疗、物理、电子、软件、光学和机械等多个领域的工程师合作进行的。项目启动时，MDA 公司的工程人员与卡尔加里大学外科医生一起，确定了设计"神经臂"机器人的技术需求。由于医生和工程人员仅擅长各自的专业，难以沟通，把外科术语翻成技术词汇面临很大的挑战。

在现在的手术室，一般会有两到三名外科医生，一名麻醉师和几名护士，即使是最简单的手术也是这样。大多数外科手术需要十余人在手术室。而手术机器人全部都是自动化的，这会最大限度地减少操作人员。展望一下未来，外科手术可能只需要一名外科医生、一名麻醉师以及一到两名护士。在这个宽敞的手术室中，医生坐在手术室内或手术室外的计算机控制台前，使用手术机器人来完成以前需要很多人才能完成的手术。

使用计算机控制台从远处进行手术，开创了远程手术的概念，即让医生在离病人很远的地方进行精密的手术。如果医生不用站在病人的身旁进行手术，而是在离病人几十厘米远的计算机台旁远程控制机器人手臂，那么下一步将是从离得更远的位置来进行手术。如果可以使用计算机控制台来实时移动机器人手臂，则在加利福尼亚的医生就可以对身在纽约的病人进行手术。远程手术的主要障碍就是医生手的移动和机器人手臂做出的反应之间的时间延迟。当前，医生必须与病人同在一室，以便机器人系统可以根据医生手的移动快速做出反应。

手术室中人员的减少，以及医生可以远距离对病人进行手术减少了医疗保健的费用。除了成本效益高之外，机器人手术还有比传统手术更优越之处，包括更加精确，以及减少病人创伤。例如，心脏搭桥手术现在需要在病人的胸口"切开"一个 30.48 cm 长的切口。而如果使用达芬奇或 ZEUS 系统，可能是在胸口处做三个切口来进行心脏手术，每个切口直径仅有 1 cm。因为外科医生做手术时切口非常小，而不是沿着胸口向下的很长的一个刀口，病人受的痛苦也会少一些、流血也会减少，恢复起来就快一些。

机器人还使医生在长达几个小时的手术过程中节省了体力。外科医生在漫长的手术过程中会很疲惫，导致手会颤动。即使最稳定的人手也比不上手术机器人的手臂。手术机器人经过程序设定可对手的颤动这个缺点进行补偿，即如果医生的手颤动，计算机会忽略此颤动，使机械臂保持稳定。

手术机器人治疗疾病的优势：

（1）手术机器人拥有三维影像技术，可以向手术者提供高清晰的三维影像，突破了人眼的极限，并且能够将手术部位放大 10～15 倍，使手术的效果更加精准。

（2）手术机器人的机器手臂非常灵活，而且具有无法比拟的稳定性及精确度，能够完成各类高难度的精细手术。

（3）手术机器人治疗疾病创伤非常小，不需要开腹，手术创口仅在 1 cm 左右，大大减少了患者的失血量及术后疼痛，住院时间也明显缩短，有利于术后的康复。

由于目前外科手术机器人生产商的技术和市场垄断，使得手术机器人的购置费用高、手术成本高、维护费用高。这就直接导致我国医院手术机器人的普及率远低于欧美，也不及亚洲日、韩等近邻。

目前，国内研究人员正在加紧研制各种手术机器人及其辅助设备、耗材。从长远看，当前的手术机器人技术和市场的垄断可能被打破，手术机器人使用成本的下降是必然趋势。我国自主研发手术机器人领域起步较晚，仍处于试验领域。

图 6-1　外科手术机器人

### 6.2.2 康复/护理机器人

康复机器人作为医疗机器人的一个重要分支,它的研究贯穿了康复医学、生物力学、机械学、机械力学、电子学、材料学、计算机科学,以及机器人学等诸多领域,已经成为国际机器人领域的一个研究热点。目前,康复机器人已经广泛地应用到康复护理、假肢和康复治疗等方面,这不仅促进了康复医学的发展,也带动了相关领域的新技术和新理论的发展。

康复机器人是工业机器人和医用机器人的结合。20世纪80年代是康复机器人研究的起步阶段,美国、英国和加拿大在康复机器人方面的研究处于世界的领先地位。1990年以前,全球的56个研究中心分布在5个工业区内:北美、英联邦、加拿大、欧洲大陆和斯堪的纳维亚半岛及日本。1990年以后,康复机器人的研究进入全面发展时期。目前,康复机器人的研究主要集中在康复机械手、医院机器人系统、智能轮椅、假肢和康复治疗机器人等几个方面。

目前正在生产的机器人能完成3种功能,这3种功能是由3种可以拆卸的滑动托盘来分别实现的,它们是吃饭/喝水托盘、洗脸/刮脸/刷牙托盘及化妆托盘,它们可以根据用户的不同要求提供。由于不同的用户要求不同,他们可能会要求增加或者去掉某种托盘,以适应他们身体残疾的情况,因而灵活地生产可更换的托盘是很重要的。部件多了就很复杂了,为此,给这种机器人研制了一种新的控制器。为了将来便于改进,设计了一种新颖的输入/输出板。它具有以下能力:话音识别、语音合成、传感器的输入、手柄控制,以及步进电机的输入等。目前该系统可以识别15种不同的托盘。通过机器人关节中电位计的反馈,启动后它可以自动进行比较。它还装有简单的查错程序,具有通话的能力,可以在操作过程中为护理人员及用户提供有用的信息。所提供的信息可以是简单的操作指令及有益的指示,并可以用任何一种欧洲语言讲出来。这种装置可以大大提高服务用户的能力,而且有助于突破语言的障碍。

以进食为例,工作过程是这样的:在托盘部分装有一个光扫描系统,它使用户能够从餐盘的任何部分选择食物。简言之,一旦系统通电,餐盘中的食物就被分配到若干格中,共有7束光线在餐盘的后面从左向右扫描。用户只用等到光线扫到他想吃的食物的那一格的后面时,就可以按下开关启动。机器人前进到餐盘中所选中的部分,盛出一满勺食物送到用户的嘴里。用户可以按照自己希望的速度盛取食物,这一过程可以重复进行,直到盘子空了为止。机器人上的计算机始终跟踪盘子中被选中食物的地方,并自动控制扫描系统越过空了的地方。利用托盘上的第8束光线,用户在吃饭时可以获取饮料。

康复机器人的简单性及多功能性提高了它对残疾人群体及护理人员的吸引力。该系统为有特殊需求的人们提供了较大的自主性,使他们增加了融入"正常"环境中的机会。

### 6.2.3　机器人医生（doctor robot）

机器人医生具有重要的临床意义，人们期待效率更高、精准度好的机器人成为医生的好帮手。在疾病的筛查、预防、就诊时的医疗图像辅助诊断、检验结果分析、手术辅助等方面，以及就诊后的医疗随访、慢性病监测、康复协助、健康管理等方面，人工智能都将有所作为。该技术甚至会为基础科研辅助、药物研发、基因筛选分析、医疗培训等带来改变。图 6-2 所示为机器人护工的应用示例。

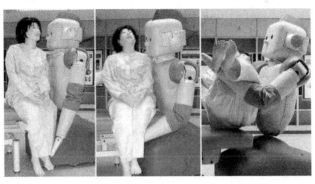

图 6-2　机器人护士

机器人医生可以采用迁移学习算法，就是把已训练好的模型参数迁移到新的模型来帮助新模型训练，也就是运用已有的知识来学习新的知识，找到已有知识和新知识之间的相似性，用成语来说就是"举一反三"。比如，学会了下围棋，就可以类比来学习象棋；学会了打篮球，就可以类比来学习排球；学会了中文，就可以类比来学习英语、日语等。如何合理地寻找不同模型之间的共性，进而利用这个桥梁来帮助学习新知识，就是"迁移学习"的核心。迁移学习被认为是一种高效的技术，尤其是面临相对有限的训练数据时。

在未来，机器人可以治疗各种疾病。它很小，跟米粒差不多大小，有一层薄薄的白色外壳，中心是机器人。人们就像平常吃药那样把它吞进肚子。当机器人到达病灶时，它的外壳就会融化，然后开始治疗疾病。当机器人需要帮助时，它会生出 10 来个跟它一样的机器人，帮它干活。在机器人的治疗过程中，它不会伤害人。机器人把病治好后，会献出宝贵的"生命"，最后被人们消化掉，化为营养成分。

# 6.3　军警用机器人

### 6.3.1　军警专用服务机器人的发展概况

军警专用服务机器人是指维护社会安全、军事安全或在战场中执行任务的特种机器人。

当今世界,恐怖事件高发,不仅影响到人民群众的日常生活,对社会、国家也造成了不同程度的恶劣影响。加强社会安全的监管力度势在必行,但这也给警务人员的工作带来了压力。因此,警用机器人的研发应用意义重大。同时在未来战场中的机器人数量将超过士兵的数量。一些高智能、多功能、反应快、灵活性好、效率高的机器人群体,将逐步接管某些军人的战斗岗位。机器人将在未来战场上发挥巨大潜力。

我国在研制军用机器人方面起步较晚,在国家"863"等研究项目的支持下才有了长足的发展,某些技术已经达到国际先进水平。目前国内反恐形势严峻,涉暴案件增多,严重影响着国家经济建设、安全稳定和人民生命财产的安全。因此,对军警用机器人的需求量不断增大。

60年代初,发达国家就开展军警用机器人的研究,研制出多种型号的机器人。"9·11"事件以后,各国更是加强了反恐和排爆机器人的研究。其中,美国、英国、法国、德国、以色列、加拿大、日本等国家处于领先地位,像跳跃机器人、排爆机器人都是非常有特色的。

### 6.3.2 军警用机器人分类

军警用机器人按功能分为侦查机器人、排爆机器人、战斗机器人、察打一体或多功能机器人等。按照移动方式分为空中飞行机器人、水下机器人、履带式机器人、轮式机器人和轮履复合式机器人等。

侦察机器人(见图6-3~图6-5)主要用于侦察、巡逻、预警等,具有体积小、重量轻、快速敏捷、可靠性强、操作灵活和图像清晰等特点,是军警用机器人的研究重点。但是目前在结构设计、材料应用等方面还存在一定缺陷,可靠性、环境适应性、工艺水平和量产数量是制约其发展的主要因素。

图6-3　智能侦查机器人　　图6-4　安防侦察机器人　　图6-5　侦察兵机器人

排爆机器人(见图6.6)可以代替人进入危险环境,完成排除爆炸物、危险品处理销毁等任务。排爆机器人根据抓举的重量可分大、中、小三种类型。主要特点是利用多自由度机械臂抓取各种危险品并进行处置、销毁。另可配爆炸物销毁器等。目前视觉系统效果差,影响了其灵活性、准确性和抓举速度。如图6-6所示。

图 6-6　反恐防暴机器人

战斗机器人（见图 6-7）是一种小型地面移动作战型机器，常以轮、履、腿足或其他组合形式实现地面移动，在执行末端往往配有战斗部件，如机枪、火炮等武器系统，通过遥控或半自主方式进行观瞄和射击。战斗机器人的稳定性、可靠性、准确性、环境适应性是目前研究和探索的重点。

图 6-7　战斗机器人

空中作战机器（见图 6-8 ~ 图 6-10），又叫无人机。在科索沃战争中，美国、德国、法国及英国总共出动了 6 种不同类型的无人机 200 多架，完成了中低空侦察及战场监视、电子干扰、战果评估等任务，同时也引起了各国政府对无人机的重视。因此，在近年来军用机器人家族中，无人机是科研活动最活跃、技术进步最大、研究及采购经费投入最多、实战经验最丰富的领域。

图 6-8　四旋翼侦察机　　图 6-9　美国空军全球鹰无人机　　图 6-10　中国利剑无人机

### 6.3.3　军警用机器人未来发展方向

#### 1. 研究现状

目前军警用机器人的重点研究方向包括：

（1）排爆机器人机械臂需增加自由度，以适应藏匿于狭窄空间的爆炸物的排除。

（2）提高在室内判定机器人自身所处位置及与爆炸物之间的距离的准确度。

（3）提高侦查机器人图像传输系统的清晰度、传输距离和抗干扰能力。

（4）提高机器人的智能化和可靠性。

#### 2. 未来发展趋势

1）虚拟现实与网络技术

遥感现实技术是人的感觉器官在远端的延伸。人的感觉能通过虚拟现实的 I/O 设备得到增强，操作员在远距离操纵真实的设备时能产生一种"临场感"。利用网络技术可以对机器人进行远程操控。提高军警用机器人控制的临场感以及操作人员的安全性。

2）结构、功能模块化技术

机器人的重组技术是指一个机械系统由一种或几种结构、功能不同的模块构成，不同数量模块的不同组合可以改变结构的形状、大小及功能，以适应不同工作的需求，完成不同的任务，提高军用机器人量化生产的规模。

3）多机器人相互协同技术

相互协调的多个机器人系统的能力远大于各个单机器人系统的功能之和。它还可以通过共享资源弥补单个机器人能力的不足，完成单机器人系统无法完成的复杂任务。由单兵作战向机器人士兵群协同作战发展。

4）仿生技术

传统的设计原则已经不能满足机器人在非结构化、未知环境下作业的要求，要解决的主要问题之一是运动方式的实现。仿生学通过研究动物的运动方式和机理，可以大大提高机器人的高适应性和运动稳定性，提高战场军用机器人的隐身性、机动性等。

### 6.3.4　结　语

军警用机器人的发展应坚持以科技创新为动力，以任务定手段，以手段定装备，以国情定发展，走自主创新的道路。随着信息技术的发展，远程操控和局部自主移动又有了新的突破；随着新设计理念和新技术、新材料、新工艺的高度融合，可靠性、适应性也提高到了一个新的阶段。国家的不断支持和民间资本的大量投入，必将促进我国军警用机器人的快速发展。

# 6.4 水下机器人

中国水下机器人 2009 年首次应用于北冰洋海域冰下调查。"大洋一号"科学考察船第 21 航次就在开始不久的第三航段考察中，首次使用水下机器人"海龙 2 号"在东太平洋海隆"鸟巢"黑烟囱区观察到罕见的巨大黑烟囱，并用机械手准确抓获约 7 kg 黑烟囱喷口的硫化物样品。这一发现标志着中国成为国际上少数能使用水下机器人开展洋中脊热液调查和取样研究的国家之一。依靠"大洋一号"船的精确动力定位，中国自主研制的水下机器人"海龙 2 号"准确降落抵达"鸟巢"黑烟囱区海底，并展开了摄像观察、热液环境参数测量。

2015 年 3 月 19 日，中国自主建造的首艘深水多功能工程船——海洋石油 286 进行深水设备测试，首次用水下机器人将五星红旗插入近 3 000 m 水深海底，这是国内首次用水下机器人将五星红旗插入近 3 000 m 水深的南海。常见的水下机器人如图 6-11 所示。

图 6-11 水下机器人

## 6.4.1 结构功能

典型的遥控潜水器是由水面设备（包括操纵控制台、电缆绞车、吊放设备、供电系统等）和水下设备（包括中继器和潜水器本体）组成。潜水器本体在水下靠推进器运动，本体上装有观测设备（摄像机、照相机、照明灯等）和作业设备（机械手、切割器、清洗器等）。

潜水器的水下运动和作业由操作员在水面母舰上控制和监视。靠电缆向本体提供动力和交换信息。中继器可减少电缆对本体运动的干扰。新型潜水器从简单的遥控式向监控式发展，即由母舰计算机和潜水器本体计算机实行递阶控制。它能对观测信息进行加工，建立环境和内部状态模型。操作人员通过人机交互系统以面向过程的抽象符号或语言下达命令，并接受经计算机加工处理的信息，对潜水器的运行和动作过程进行监视并排除故障。对于智能水下机器人系统，操作人员仅下达总任务，机器人就能识别和分析环境，自动规划行动、回避障碍、自主地完成指定任务。

无人有缆潜水器的发展具有以下特点：① 水深普遍在 6 000 m；② 操纵控制系统多采用大容量计算机实施资料处理和进行数字控制；③ 潜水器上的机械手采用多功能力反馈监控系统；④ 通过增加推进器的数量与功率，提高其顶流作业的能力和操纵性能。此外，还应特别注意潜水器的小型化和提高其观察能力。

### 6.4.2 应用领域

#### 1. 安全搜救

（1）可用于检查大坝、桥墩上是否安装有爆炸物，以及其结构好坏情况。

（2）遥控侦察、危险品靠近检查。

（3）水下基阵协助安装/拆卸。

（4）船侧、船底走私物品检测（公安、海关）。

（5）水下目标观察，废墟、坍塌矿井搜救等。

（6）搜寻水下证据（公安、海关）。

（7）海上救助打捞、近海搜索。

2011 年，水下机器人最深能在 6 000 m 的海底世界，以每小时 3 ~ 6 km 的速度行走，前视、下视雷达给了它"好视力"，随身携带的照相机、摄像机和精确导航系统等，让它"过目不忘"。2011 年伍兹霍尔海洋研究所提供的水下机器人在 4 000 km$^2$ 的海域中仅仅花了几天时间便找到了法航航班的残骸，而此前各种船只飞机寻找两年无果。

#### 2. 管道检查

（1）可用于市政饮用水系统中水罐、水管、水库检查。

（2）排污/排涝管道、下水道检查。

（3）海洋输油管道检查。

（4）跨江、跨河管道检查。

#### 3. 船舶河道海洋石油

（1）船体检修，水下锚、推进器、船底探查。

（2）码头及码头桩基、桥梁、大坝水下部分检查。

（3）航道排障、港口作业。

（4）钻井平台水下结构检修、海洋石油工程。

### 4. 科研教学

（1）水环境、水下生物的观测、研究和教学。

（2）海洋考察。

（3）冰下观察。

### 5. 水下娱乐

（1）水下电视拍摄、水下摄影。

（2）潜水、划船、游艇。

（3）看护潜水员，潜水前合适地点的选择。

### 6. 能源产业

（1）核电站反应器检查、管道检查、异物探测和取出。

（2）水电站船闸检修。

（3）水电大坝、水库堤坝检修（排沙洞口、拦污栅、泄水道检修）。

无人无缆潜水器尚处于研究、试用阶段，还有一些关键技术问题需要解决。无人无缆潜水器将向远程化、智能化发展，其活动范围在 250～5 000 km 的半径内。这就要求这种无人无缆潜水器有能保证长时间工作的动力源。在控制和信息处理系统中，采用图像识别、人工智能技术、大容量的知识库系统，努力提高信息处理能力和精密导航定位的随感能力等。如果这些问题都能解决了，那么无人无缆潜水器就成为名副其实的海洋智能机器人。海洋智能机器人的出现与广泛使用，为人类进入海洋从事各种海洋产业活动提供了技术保证。

## 6.4.3 水下机器人的优缺点

### 1. 优 点

水下机器人可在高度危险环境、被污染环境以及零可见度的水域代替人工在水下长时间作业，水下机器人上一般配备声呐系统、摄像机、照明灯和机械臂等装置，能提供实时视频、声呐图像，机械臂能抓起重物。水下机器人在石油开发、海事执法取证、科学研究和军事等领域得到了广泛应用。

### 2. 缺 点

由于水下机器人运行的环境复杂，水声信号的噪声大，而各种水声传感器普遍存在精度较差、跳变频繁的缺点。因此，水下机器人运动控制系统中，滤波技术显得极为重要。水下机器人运动控制中普遍采用的位置传感器为短基线或长基线水声定位系统，速度传感器为多普勒速度计，其性能会影响水声定位系统精度。测量误差主要包括：声速误差、应答器响应时间的丈量误差、应答器位置即间距的校正误差。而影响多普勒速度计精度的因素主要包括：声速、海水中的介质物理化学特性、运载器的颠簸等。

# 6.5  飞行机器人

早期的飞行机器人配备了世界上最先进的情报收集系统，可取代监控摄像头，用于跟踪罪犯和暗中监视公众活动。其控制板可装进一个手提箱，便于秘密携带的同时也易于部署在任何人群的上空，可用于军方的监视任务，也可进行普通监视工作。现代飞行机器人还被应用于遥感、快递等民用用途中。美国最大的购物网站亚马逊已经开始测试飞行机器人快递服务，其飞行机器人如图 6-12 所示。

图 6-12  飞行机器人

## 6.5.1  技术特点

（1）飞行机器人可采用触摸屏控制器，用户只需将手指向屏幕中电子地图上的目标地点，这个飞行机器人便会以每小时 30 mile（约合每小时 48 km）的速度飞向这一地区，而后向手机传回实时高清影像。它的最大飞行高度可达到 500 ft（约合 152 m），能够对 300 m 外的目标进行放大。也就是说，飞行机器人在执行任务时可能不会被目标发现。

（2）这种飞行机器人能够安装 4 个转子叶片，能够在盘旋时做到"寂静无声"。飞行机器人采用世界上最先进的空中情报收集技术，所拍摄的影像品质也是最棒的。它能够向任何电子设备传输图像，如远程计算机或者 iPhone。

（3）飞行机器人及其笔记本型控制板可装进一个手提箱，便于秘密携带的同时也易于部署在任何人群的上空。其最厉害的"武器"当属具备自动调整功能的摄影头，能够在快速飞行过程中始终锁定目标。这个造价 3 万英镑的飞行机器人在距离一名盗车贼很远的上空盘旋。在它的帮助下盗车贼最终被警方抓捕。摄像头对图像进行放大时，警方可以清晰地看到这名嫌犯的面部，进而更准确地锁定他的身份。

### 6.5.2 主要应用

（1）飞行机器人具有很多潜在应用，可用于军方的监视任务，也可进行普通监视工作。在当今世界，能及时获得高质量的空中情报是一个至关重要的能力，而不是一个奢侈的要求。这种能力决定着任务成败，某些情况下甚至能够挽救生命。

（2）飞行机器人能够立即向操作人员提供目标区域的空中情报。在触摸屏界面，可在短短几秒钟内捕捉目标，任何士兵、警察或者平民都可在它的帮助下在几分钟内收集高质量的空中情报。

# 6.6 空间机器人

空间机器人是指在太空进行操作任务的机器人。它主要用于空间建筑与装配。一些大型部件的安装，如无线电天线、太阳能电池、各个舱段的组装等舱外活动都离不开空间机器人，机器人将承担搬运、各构件之间的连接紧固、有毒或危险品的处理等任务。在不久的将来，人造空间站初期建造一半以上的工作都将由机器人完成，包括卫星和其他航天器的维护与修理。随着人类在太空活动的不断发展，人类在太空的"财产"也越来越多，在这些财产中人造卫星占了绝大多数。如果这些卫星一旦发生故障，丢弃它们再发射新的卫星会很不经济，必须设法修理后使它们重新发挥作用。但是如果派宇航员去修理，又牵涉到舱外活动的问题，而且由于航天器在太空中，处于强烈宇宙辐射的环境之下，人根本无法执行任务，所以只能依靠机器人。空间机器人所进行的维护和修理工作包括回收失灵卫星、对故障卫星进行就地修理、为空间飞行器补给物资，以及完成空间生产和科学实验任务。宇宙空间为人类提供了地面上无法实现的微重力和高真空环境，利用这一环境可以生产出地面上无法或难以生产出的产品。在太空中还可以进行地面上不能完成的科学实验和空间装配。与空间修理不同，空间生产和科学实验主要在舱内环境里进行，操作内容多半是重复性动作，在多数情况下，宇航员可以直接检查和控制。这时候的空间机器人如同工作在地面工厂里的生产线上。因此，可以采用的机器人多是通用型多功能机器人。

空间环境和地面环境差别很大，空间机器人工作在微重力，高真空，超低温，强辐射，照明差的环境中，其要求与地面机器人也必然不相同。首先，空间机器人的体积比较小，重量比较轻，抗干扰能力比较强。其次，空间机器人的智能程度比较高，功能比较全。最后，空间机器人消耗的能量要尽可能小，工作寿命要尽可能长，而且由于是工作在太空这一特殊的环境，对它的可靠性要求也比较高。

针对日益激烈的太空竞赛，世界多个国家都开展了空间机器人的研究工作，其中有由美国宇航局和通用汽车公司研发的机器宇航员 Robonaut 2，简称 R2，如图 6-13 所示。R2 有像人一样的胳膊，它的躯干看起来很有力气而且头上戴着一个金盔，看起来就像是一个漫画书上的超级英雄。一旦进入空间站，这个机器人将成为那儿的永久居民。在空间站，它一开始做的事不外乎拿拿工具。但是美国航空航天局说，R2 的灵活性、速度及视觉能力都代表了机器人研究方面所取得的巨大技术创新。R2 太空机器人的敏捷程度远超出其他机器人，除了它具备类似人类的手指，该机器人还有柔软的手掌，能够抓住并抱起物体。这款机器人的传感器设计非常安全合理，如果它接触到程序设计之外物体（如宇航员的头部），运行程序将停止其活动。或者，以某种力度猛烈地碰撞它时，这款机器人将立即停止并关闭。目前，Robonaut 2 太空机器人的结构上仅有上半身，仍放置在美国实验室内。未来机器人研究小组计划测试不同的下半身组件，使这款机器人具备在国际空间站内外自由运动的能力。

图 6-13　Robonaut 2 空间机器人

# 6.7　农业机器人

农业机器人运用在农业生产中，是一种可由不同程序软件控制，以适应各种作业，能感觉并适应作物种类或环境变化，有检测（如视觉等）和演算等人工智能的新一代无人操作机械。

农业机器人出现后，发展很快，各个国家出现了多种类型的农业机器人。目前，日本在这方面的研究居于世界之首。进入 21 世纪以后，新型多功能农业机器人得到日益广泛地应用，智能化机器人在广阔的田野上越来越多地代替人工完成各种农活，第二次农业革命将深入发展。农业机器人的广泛应用，改变了传统的农业劳动方式，降低了农民的劳动力，促进了现代农业的发展。

### 6.7.1　施肥机器人

美国明尼苏达州一家农业机械公司的研究人员推出的机器人别具一格,它会从不同土壤的实际情况出发,适量施肥。由于它的准确计算,合理地减少了施肥的总量,降低了农业成本,也使地下水质得以改善。

### 6.7.2　大田除草机器人

德国农业专家采用计算机、全球定位系统(GPS)和灵巧的多用途拖拉机综合技术,研制出可准确施用除草剂除草的机器人。它的工作过程是这样的:由农业工人领着机器人在田间行走,在到达杂草多的地块时,机器人身上的 GPS 接收器便会显示出杂草位置的坐标定位图。农业工人先将这些信息当场按顺序输入便携式计算机,返回场部后再把上述信息数据资料输入拖拉机上的一台计算机。当他们日后驾驶拖拉机进入田间耕作时,除草机器人便会严密监视行程位置。如果来到杂草区,它的机载杆式喷雾器相应部分立即启动,让化学除草剂准确地喷撒到所需地点。

### 6.7.3　菜田除草机器人

英国科技人员开发的菜田除草机器人(见图 6-14)所使用的是一部摄像机和一台识别野草、蔬菜和土壤图像的计算机组合装置,利用摄像机扫描和计算机图像分析,层层推进除草作业。它可以全天候连续作业,除草时对土壤无侵蚀破坏。科学家还准备在此基础上,研究与之配套的除草机械来代替除草剂。

图 6-14　智能割草机器人

### 6.7.4　收割机器人

美国新荷兰农业机械公司投资 250 万美元研制出一种多用途的自动化联合收割机器人。著名的机器人专家雷德·惠特克主持了设计工作,他曾经成功地制造出能够用于监测地面扭曲、预报地震和探测火山喷发活动征兆的航天飞机专用机器人。惠特克开发的全自动联合收割机器人很适合在美国一些专属农垦区的大片规划整齐的农田里收割庄稼，其中的一些高产田的产量是一般农田的十几倍。

### 6.7.5 采摘柑橘机器人

西班牙科技人员发明的这种机器人由一台装有计算机的拖拉机、一套光学视觉系统和一个机械手组成，能够从橘子的大小、形状和颜色判断出是否成熟，决定可不可以采摘。它工作的速度极快，每分钟可摘柑橘 60 个，而靠手工只能摘 8 个左右。另外，采摘柑橘机器人通过装有视频器的机械手，能对摘下来的柑橘按大小马上进行分类。

### 6.7.6 采摘蘑菇机器人

英国是世界上盛产蘑菇的国家，蘑菇种植业已成为排名第二的园艺作物。据统计，每年的人工蘑菇采摘量为 11 万吨，盈利十分可观。为了提高采摘速度，使人逐步摆脱这一繁重的农活，英国西尔索农机研究所研制出采摘蘑菇机器人。它装有摄像机和视觉图像分析软件，用来鉴别所采摘蘑菇的数量及属于哪个等级，从而决定运作程序。采摘蘑菇机器人用机上的一架红外线测距仪测定出田间蘑菇的高度之后，真空吸柄就会自动地伸向采摘部位，根据需要弯曲和扭转，将采摘的蘑菇及时投入紧跟其后的运输机中。它每分钟可采摘 40 个蘑菇，速度是人工的两倍。

### 6.7.7 分拣果实机器人

在农业生产中，将各种果实分拣归类是一项必不可少的农活，往往需要投入大量的劳动力。英国西尔索农机研究所的研究人员开发出一种结构坚固耐用、操作简便的果实分拣机器人，从而使果实的分拣实现了自动化。它采用光电图像辨别和提升分拣机械组合装置，可以在潮湿和泥泞的环境里干活，它能把大个西红柿和小粒樱桃加以区别，然后分拣装运，也能将不同大小的土豆分类，并且不会擦伤果实的外皮。

### 6.7.8 番茄收获机器人

日本番茄收获机器人针对成熟番茄果实表现为红色这一特点，用彩色 CCD 摄像头作为视觉传感器，基于 RGB 分量区分水果和茎叶。

### 6.7.9 采摘草莓机器人

日本发明了能够采摘草莓的机器人。该机器人装有一组摄像头，能够精确捕捉草莓的位置，其配套软件能根据草莓的红色程度来确保机器人采摘的是成熟草莓。虽然此机

器人目前只能采摘草莓，但可以通过修改程序使机器人采摘其他水果，如葡萄、番茄等
（见图 6-15）。机器人采摘 1 个草莓的时间是 9 s，如果大范围使用并能保持采摘效率，
可以节省农民 40% 的采摘时间。

图 6-15　摘水果机器人

# 6.8　公共服务机器人

公共服务机器人是一款工作于室内环境的，用于迎宾、接待、引领、讲解工作的智
能型服务机器人。它能"认知"未知的环境，拥有不断丰富的云端语音知识库；它能区
分每个"认识的人"；它外观设计线条流畅，造型可爱，表情生动多样。公共服务器人
广泛应用于售楼处、企业展厅、银行等场景，适应各种环境，代替人工进行重复的接待、
引领、讲解工作，既解放人力资源又为客户提供方便快捷的服务。

## 6.8.1　银行机器人

银行机器人可以轻松识别人类的语音，人们可以把要办理的业务通过语音传达给系
统，只需要不到 1 s 的时间，银行机器人就可以把你需要的业务进行分类，打印出对应
的等位小票。它可以轻松取代银行的大堂经理（见图 6-16）。

图 6-16　银行机器人 1

　　除了取号，在办理理财业务的时候，它还可以通过人脸识别技术，了解客户的过往理财记录，并推荐理财产品（见图 6-17）。

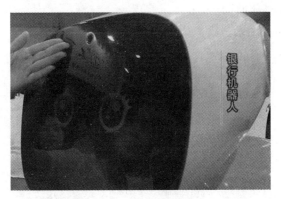

图 6-17　银行机器人 2

　　根据目前银行的设置，办理理财产品都是由专门的理财经理来负责。银行机器人可以事先储存好海量的客户图像信息，通过人脸识别，准确地辨认出银行贵宾客户的真容。再通过自主导航的功能，把客户引领到理财室。

　　银行机器人在后台数据庞大的时候，能够带来一定的预知和感官能力，而不只是做简单交互。它可以像人一样，与客户自然流畅地交流。未来，银行机器人的功能还将继续改进，增加稳定性，提高交互能力。

## 6.8.2　图书馆机器人

　　图书馆机器人（见图 6-18）相当于图书馆的图书管理员。它可以准确地识别人脸、语音、书籍，以及获取周围的空间信息；可以快速、准确地帮助消费者找到想看的书，节省消费者找书的时间。

图 6-18　图书馆机器人

　　服务机器人通过前期程序的设定，可以充当很多种公共服务的角色。它可以是商场的导购，也可以是景区的导游，还可以是医院的导诊员。

### 6.8.3　床椅一体化机器人

床椅一体化机器人（见图 6-19）可以让瘫痪病人不需要任何外界的帮助，自行完成翻身、抬腿、起身等基础动作，大大减轻了陪护人员的负担。

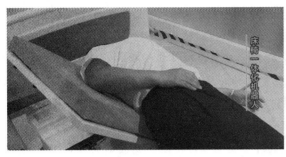

图 6-19　床椅一体化机器人 1

床椅一体化机器人分离出来之后会变成一张电动轮椅，可以通过操纵摇杆出行。只需要按一下手柄，它就可以控制它的后背部分上升，小腿部分下降（见图 6-20），最后变成一张电动轮椅，可以通过操作摇杆来进行方向变换。

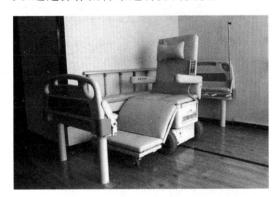

图 6-20　床椅一体化机器人 2

只需要 40 s，护理床一键变身成智能电动轮椅，这样的神奇搭配可以让行动不便的患者不再依靠任何人就能拥有自主活动的能力，大大提升了残障人士和老年人群的生活品质。

## 6.9　其他专用服务机器人

### 6.9.1　无人驾驶汽车

无人驾驶汽车（见图 6-21）是智能汽车的一种，也称为轮式移动机器人，主要依靠以计算机系统为主的智能驾驶仪来实现无人驾驶的目标。

无人驾驶汽车是通过车载传感系统感知道路环境,自动规划行车路线并控制车辆到达预定目标的智能汽车。它利用车载传感器来感知车辆周围环境,并根据所获得的道路、车辆位置和障碍物信息,控制车辆的转向和速度,从而使车辆能够安全、可靠地在道路上行驶。无人驾驶汽车集自动控制、体系结构、人工智能、视觉计算等众多技术于一体,是计算机科学、模式识别和智能控制技术高度发展的产物,也是衡量一个国家科研实力和工业水平的一个重要标志,在国防和国民经济领域具有广阔的应用前景。

无人驾驶汽车可自动识别交通指示牌和行车信息,具备雷达、相机、全球卫星导航等电子设施,并安装同步传感器。车主只要向导航系统输入目的地,汽车即可自动行驶,前往目的地。在行驶过程中,汽车会通过传感设备上传路况信息,在大量数据基础上进行实时定位分析,从而判断行驶方向和速度。安全是拉动无人驾驶车需求增长的主要因素。每年,因驾驶员的疏忽大意都会导致许多交通事故。既然驾驶员失误百出,汽车制造商们当然要集中精力设计能确保汽车安全的系统。

图 6-21　无人驾驶车

## 6.9.2　空调管道清洗机器人

中央空调为人们生活、学习和工作提供了舒适的空间,也为工业生产、博物馆藏、图书馆藏、科学研究等诸多行业带来了前所未有的环境改善。目前,中国的中央空调总数已高达 550 万台,随着中国社会的不断发展,越来越多的楼宇和高档别墅区采用中央空调系统来对室内空气的温度、湿度、气流速度等进行有效调节。但另一方面,中央空调也成为滋生病菌的温床、传播病菌的通道。因此,中央空调管道清洗机器人应运而生(见图 6-22)。

虽然管道器人已经表现出良好的运动能力和环境适应能力,但是它也不是十全十美的。其应用环境和场合也受到一定的限制。

### 1. 空调管道机器人的优点

以模块组合而成的管道机器人,不仅具有机构简单的特点,而且能通过自身的变形组合适应多种复杂管道环境。管道机器人的运动特点能够完成以下功能。

（1）管道机器人的自由度使其身体具有很高的适应性，能够充分适应各种管道结构，完成在各种管道内的清理作业，例如：在空调管道中任意前进后退，可以在水平和垂直方向转弯。

（2）在实际应用中，可以在空调管道机器人端头安装清理、消毒设备，如毛刷和喷头，对空调管道中的污秽及细菌进行有效的清理，使人们在使用时更加卫生安全。

（3）空调管道机器人结构简单轻巧，使其能在管道中方便地移动。

### 2．空调管道机器人的缺点

空调管道机器人的优点众多，但由于身体结构、动力驱动和运动形式的原因它也存在很多缺点。

（1）管道机器人的较多自由度保证了机器人能够完成各种复杂的运动，组成各种构型。但在控制上，这些自由度的实现给软硬件控制带来了巨大的压力。而且太多的自由度也给滑块的运动带来很大的压力。因此，管道机器人的寿命会相对缩短。因为管道机器人是在空调管道中运动，所以希望机器人轻巧耐用，选择材料时也需特别注意。

（2）在电源供应方面，管道机器人采用直流电源供电，由于本身的体积较小，它无法携带大的电源，严重限制了管道机器人的应用和无线操作时间。

（3）管道机器人的运动速度很低。

图 6-22　空调管道清洗机器人

## 6.10　本章小结

在我国《国家中长期科学和技术发展规划纲要（2006—2020 年）》中，对智能服务机器人给予了明确定义：智能服务机器人是在非结构环境下为人类提供必要服务的多种高技术集成的智能化装备。并把智能服务机器人列为未来 15 年重点发展的前沿技术。

服务机器人作为 21 世纪高技术服务业的重要组成部分，是我国高科技产业发展的一次重大机遇，对于提升国家竞争力具有重要战略意义。在全世界迎来服务机器人的发展高峰时，我国应及时抓住这次机器人发展的新机遇，大力发展服务机器人的核心技术，在提高我国服务机器人性价比竞争力的同时，积极研发高端产品，为下一步发展奠定基础。

我国智能服务机器人包括专用服务机器人和家用服务机器人。其中，专用服务机器人是在特殊环境下作业的机器人，如核电站事故检测与处理机器人、极地科考机器人、反恐防暴机器人、军用机器人、救援机器人等；家用服务机器人主要是服务人的机器人，如助老助残机器人、康复机器人、清洁机器人、护理机器人、医疗机器人、教育娱乐机器人等。

服务机器人集人工智能、机器人和人机交互于一体，不仅涉及多学科前沿研究，而且具有广泛的应用背景，如家庭、办公室、病房、养老院、教室、商场和餐厅等各种场合，成为近年来国内外机器人研究和产业发展的最大热点之一。

纵观国内外服务机器人的发展，可以发现服务机器人在我国具有广阔的市场空间。随着城市化进程加速、人口老龄化和人口素质的提高，服务机器人的商业应用将会加速发展。同时，随着服务机器人相关技术的突破，以及价格的逐渐下降，预计未来服务机器人能像手机、计算机、轿车一样飞入寻常百姓家，并彻底改变人们的生活方式。

## 习 题

1. 手术机器人治疗疾病的优势有哪些？
2. 空间机器人工作环境的特点有哪些？
3. 无人驾驶汽车常用的电子设备有哪些？

# 第7章 服务机器人发展计划与趋势

## 7.1 世界各国服务机器人的发展规划

世界各国纷纷将突破机器人技术、发展机器人产业摆在本国科技发展的重要战略地位。美、日、韩、欧洲等国家和地区都非常重视机器人技术与产业的发展，将机器人产业作为战略产业，纷纷制定各自的机器人国家发展战略规划。

### 7.1.1 美 国

美国机器人发展起步早，其发展思路是立足于相关机器人技术实现产业化（如医疗外科机器人 da Vinci 及家用智能吸尘器机器人已经实现产业化发展）。美国的机器人研究计划主要包括：1989 年的联合机器人研究计划（Joint Robotics Program），美国国防部《无人系统路线图（2009—2034 年）》，2010 年 2 月美国训练与条令司令部与坦克车辆研究、发展与工程中心发布的《机器人战略白皮书》，2009 年 7 月美国国防部向外公布的美国陆军未来战斗系统（FCS），美国海军 2004 年 9 月发布的《无人水下航行器 UUV 总体规划》，以及 2011 年 6 月美国总统奥巴马在 CMU 讲话中，提出的 NRI 国家机器人发展计划（NASA、NSF、NIH）。

### 7.1.2 日 韩

日本一贯将机器人技术列入国家的研究计划和重大项目，以工业机器人、仿人娱乐机器人为突破口，走模块化和标准化道路。近两年，日本积极开展 RT（机器人技术）的研究，推进服务机器人的产业化。另外，经济产业省发布新产业发展战略和机器人技术战略，其中的日本能源及产业技术综合开发机构（NEDO）资助项目包括：服务机器人安全技术和验证项目（2009—2013），2009 年预算约 1.2 亿人民币；智能机器人技术软件计划（2007—2011），2009 年资助约 9 700 万人民币；基本机器人技术开放式创新改进传统技术（2008—2010），2009 年资助约 1 000 万人民币；先进机器人单元技术战略开发计划（2006—2010），2009 年预算约 5 447 万人民币。

韩国机器人发展强调智能机器人与现代网络相结合，制定了韩国 839 战略计划：智能服务机器人是 9 种核心技术之一；将智能服务机器人作为 21 世纪推动国家经济增长的 10 大发动机产业之一，2013 年成为世界三大机器人生产国之一。具体为：2003 年韩国政府提出的 10 大未来发展动力产业政策，2004 年信息通信部（MIC）提出 IT839 计划及无所不在的机器人伙伴项目，2008 年后每年投入 4 000 亿韩元（约合 22 亿人民币）；2008 年发布《智能机器人开发与普及促进法》，共 8 章、49 条以及 3 条附则；2009 年发布"第一次智能型机器人基本计划"，目标是到 2018 年使韩国成为全球机器人主导国家，计划在 2013 年以前投入 1 万亿韩元（约合 55 亿人民币）。

### 7.1.3  欧  洲

2006 年，欧盟制定了欧洲第七框架计划（FP7），执行期从 2007 年至 2013 年，总预算达 532 亿欧元，目的是加强机器人模块化功能部件和危险作业机器人研发。另外，欧洲机器人技术研究网络提出了 2002—2022 年欧洲机器人研究与应用的路线图（Euron Research Roadmaps）。

### 7.1.4  中  国

2006 年 2 月，国务院发布《国家中长期科学和技术发展规划纲要（2006—2020 年）》，首次将智能服务机器人列入先进制造技术中的前沿技术。《纲要》提出智能服务机器人是在非结构环境下为人类提供必要服务的多种高技术集成的智能化装备。未来将以服务机器人和危险作业机器人应用需求为重点，研究设计方法、制造工艺、智能控制和应用系统集成等共性基础技术。

2016 年 3 月，国家发布的《"十三五"规划纲要》提出，要大力发展工业机器人、服务机器人、手术机器人和军用机器人，推动人工智能技术在各领域商用。

同月，《机器人产业发展规划（2016—2020 年）》出台，《规划》提出：到 2020 年，服务机器人年销售收入超过 300 亿元，在助老助残、医疗康复等领域实现小批量生产及应用。培育 3 家以上具有国际竞争力的龙头企业，打造 5 个以上机器人配套产业集群。

2017 年 12 月，《促进新一代人工智能产业发展三年行动计划（2018—2020 年）》提出：到 2020 年，智能家庭服务机器人、智能公共服务机器人实现批量生产及应用，医疗康复、助老助残、消防救灾等机器人实现样机生产，完成技术与功能验证，实现 20 家以上应用示范。

在国家政策对服务机器人发展的大力助推下，20 多个省市结合当地优势产业，纷纷发布服务机器人的扶持和引导政策，如北京先后发布了《关于促进北京市智能机器人科技创新与成果转化工作的意见》《关于促进中关村智能机器人产业创新发展的若干措施》和《北京市机器人产业创新发展路线图》来引导当地服务机器人产业的发展；上海发布了《关于加快推进机器人产业技术创新的扶持政策》，聚焦机器人系统集成及应用示范在教育、科技、金融、娱乐、家政、护理、医疗、卫生、汽车等多个领域的推广；重庆市发布了《关于推进机器人产业发展的指导意见》和《重庆市机器人及智能装备产业集群发展规划（2015—2020）》等，以工业机器人为切入点，优先推进技术较成熟的产品产业化，夯实发展基础，适时推动服务机器人的发展，着重把永川打造成全国智能装备示范区。

# 7.2　服务机器人技术发展趋势与展望

服务机器人技术发展主要趋势为智能化、标准化、网络化、家庭化、模块化、产业化。

一方面，我国工业生产型机器人需求强劲，有望形成一定规模的产业；另一方面，服务性机器人产品形态与产业规模还不清晰，需要结合行业地方经济与产业需求试点培育。服务机器人技术发展主要趋势为智能化、标准化、网络化。具体为：由简单机电一体化装备，向以生机电一体化和多传感器智能化等方面发展；由单一作业，向服务机器人与信息网络相结合的虚拟交互、远程操作和网络服务等方面发展；由研制单一复杂系统，向将其核心技术、核心模块嵌入于高端制造等相关装备方面发展。另外，服务机器人的市场化要求家庭化、模块化、产业化成为未来服务机器人应用发展的趋势。

服务机器人技术越来越向智能机器技术与系统方向发展，其应用领域向助老助残、家用服务、特种服务等方面扩展，在学科发展上与生机电理论与技术、纳米制造、生物制造等学科进行交叉创新，研究的科学问题包含新材料、新感知、新控制和新认知等方面，而涉及服务机器人的需求与创新、产业、服务及安全之间的辩证关系依然是其发展的核心原动力与约束力。

## 7.2.1　创新需求

（1）缺乏机器人适用的核心技术与部件突破，包括仿生材料与驱动构件一体化设计制造技术，智能感知、生机电信息识别与人机交互技术，不确定服役环境下的动力学建模与控制技术，多机器人协同作业、智能空间定位技术等。

（2）没有形成相对统一的体系结构标准，软硬件分裂。

## 7.2.2　产业需求

（1）学界与产业界缺乏对服务机器人明确的产品功能定义。

（2）消费者对服务机器人产品价格（性价比）的敏感。

（3）企业没有一定批量的、不可替代的、实用化功能的机器人产业带动。

（4）缺乏行业标准，产品面市前尚需国家有关方面及时理顺市场准入机制，制定行业标准、操作规范以及服务机器人评价体系。

### 7.2.3 服务需求

（1）围绕客户需求，以深化和拓展应用、优化服务、延伸产业链为目标，鼓励应用技术和服务技术的研发。

（2）创新服务模式，通过政策杠杆促进新的商业模式的形成，培育服务消费市场，推进机器人服务业的发展。

（3）发展机器人租赁业，采用租赁方式有利于减少用户购买产品的风险，通过出租可增加与顾客接触的机会，掌握顾客的需求，增加销售机会。

（4）发展机器人保险，设置相应的保险机制。

创新服务机器人服务业的发展模式。促进服务机器人的终端消费，大力推广服务机器人产品，使广大消费者更多地了解并使用服务机器人产品。稳步推进私人购买服务机器人的补贴试点，在促进服务机器人产业产品的消费上给予更大支持。大力支持服务机器人的服务市场拓展和商业模式创新，创新产业的收入模式，注重从客户角度出发，提供独特的、个性化的、全面的产品或服务，促进技术进步和产业升级。努力建设服务机器人应用示范基地，以机器人的一体化生产、综合利用下游产业链、产品商业化，特别是以各种政策作为主要示范内容。由政府搭建某些公益性服务机器人的示范平台，并且具备良好的配套措施。

### 7.2.4 安全需求

（1）基于安全体系标准，制定服务机器人的安全体系法律法规，包括使用者的安全、服务机器人本身的安全以及服务机器人对于人类社会的安全要求等。

（2）通过广泛的讨论，适时推出服务机器人安全与道德准则，以立法的形式规范人类对服务机器人的制造和使用，确定人类与服务机器人之间的关系，防止人类与服务机器人之间的虐待或伤害，明确规定人类与服务机器人的权利、义务与责任。

# 7.3 服务机器人应用趋势

服务机器人包括：仿生机器人（见图 7-1 ~ 图 7-8）［如兽型机器人、蛇形机器人、"昆虫"机器人、"蝎子"机器人、"蜗牛"机器人、"壁虎"机器人、"爬树"机器人、仿生机器鱼（英国胡黉生教授）、仿生鸟（Aero Vironment 的 Nano Hummingbird）］、仿人机器人［如日本双足仿人机器人 ASIMO、日本丰田 Toyota's Partner Robot、北京理工大学汇童 BHR-5、四足机器人（美国波士顿动力公司 Big Dog、Alpha Dog）］、生化电子人（如影子公司 Richard Walker）、其他机器人（如太阳能飞机、超级机器人、广域机器人、泛在机器人）。表 7-1 为日本专家对服务机器人应用趋势的预测。

表 7-1　日本专家对服务机器人应用趋势的预测

| 时间 | 事件 |
| --- | --- |
| 2013 年 | 智能系统的发展能够在与流程、技能、知识和经验相关的人类决策方面帮助人类做出决定 |
| 2014 年 | 在人机界面的实际使用中，设置在人机界面中带有对话与理解功能的虚拟用户可通过与人类的对话借助信息处理设备执行任务或程序 |
| 2023 年 | 随着与生物体隔膜相似功能的人工膜的发展，人脑可以通过计算机控制电机的技术使得对假肢进行直接和自主控制而不依赖于脊柱或周围神经系统 |
| 2027 年 | 随着具有视觉功能，听觉功能，以及具有其他感官功能的智能机器人的发展，机器人将类似于人类，能够思考、做出决定和采取行动 |

图 7-1　蛇形机器人

图 7-2　MIT 鱼形机器人

图 7-3　壁虎机器人

图 7-4　仿生鸟

图 7-5　苍蝇机器人

图 7-6　蚊子机器人

图 7-7　仿生蝎机器人

图 7-8　仿生蜻蜓机器人

图 7-9　太阳能除草机器人

# 7.4　本章小结

　　本章详细介绍了美国、日本、韩国、欧盟、中国等国家和地区的机器人技术发展政策和规划，分析了服务机器人技术及其未来的应用发展趋势。

## 习　题

1. 简述服务机器人技术未来发展的趋势。
2. 简述中、美、日、韩、欧盟等国家和地区的机器人技术发展的特点。

# 参考文献

［1］ 李明. 先进制造技术与应用前沿：机器人[M]. 上海：上海科学技术出版社，2012.

［2］ ROBIN R MURPHY. 人工智能机器人学导论[M]. 北京：电子工业出版社，2004.

［3］ 陈恳，杨向东，刘莉，等. 机器人技术与应用[M]. 北京：清华大学出版社，2006.

［4］ 陈杰，黄鸿. 传感器与检测技术[M]，北京：高等教育出版社，2002.

［5］ J PALACÍN, T PALLEJA, I VALGAÑÓN, R. Measuring coverage performances of a floor cleaning mobile robot using a vision system[C]. Proceedings of International Conference on Robotics and Automation, 2005: 4247-4252.

［6］ Y KODA, T MAENO. Grasping force control in master-slave system with partial slip sensor. Proceedings of IEEE/RSJ International Conference on Intelligent Robots and Systems, 2006: 4641-4646.

［7］ 高国富，谢少荣，罗均. 机器人传感器及其应用[M]，北京：化学工业出版社，2005.

［8］ 马青，史金飞.基于 LvDT 原理的精密角位移传感器的研制[J]. 中国制造业信息化，2003（12）：124-126.

［9］ 徐英，张涛，张嵘. 分瓣式电容角位移传感器的优化设计[J]. 化工自动化及仪表，2003（4）：51-54.

［10］ 胡明. Insb 精密角位移传感器的研究[J]. 仪表技术与传感器，199（2）：3.

［11］ 张琢，李鹏生. 测角技术国内外发展概况[J]. 宇航计测技术，1994（4）：4-11.

［12］ 张裕理，李继承. 高精度差动变压器式位移传感器[J]. 仪表技术与传感器，1994（2）：19-21.

［13］ 方欣，吴仲达. 回转角度传感器[J]. 国外传感技术，2003（4）：136-138.

［14］ 温任林，等. 半差动环形角度传感器的研究[J]. 仪器仪表学报，200（5）：531-532，550.

［15］ MC CARY. Optimization of eddy current transducers（surround coil）[J]. IEEE Transactions on Magneties, 1979(6): 1677-1679.

［16］ BASTATAWROS A. A simplified analysis for eddy-current speed transducer[J]. IEEE Transactions on Magneties，1987(3): 1905-l908.

［17］ JANKAUSKAS, LACOURSE, LIMBERT. Optimization and analysis of a capacitive contact less angular transducer[J]. IEEE Transactions on Instrumentation and Measurement, 1992(2): 311-315.

[18] SAXEA，SEKSENA. A self-compensated smart LVDT transducer[J]. IEEE Transactions on Instrumentation and Measurement, l989(3): 748-753.

[19] EERO B, KARI P. Dyllamic properties of moving magnet transducers[J]. IEEE Transactions on Magnates, l980(2): 468-475.

[20] K DIAZ DE L，A GARCIA-ARRIBAS，JM BARANDIARAN. Comparative study of alterative circuit configurations for inductive sensors[J]. SensorsandActuatorsA, 2001(91): 226-229.

[21] GEORG BRASSEUR. A capacitive 4-turn angular-position sensor[J]. IEEE Transactions on Magneties, l998(l):275-279.